高等职业院校"双高计划"建设教材
高等职业教育"十四五"规划教材

Photoshop
平面设计基础与案例教程

刘 源 孙冠男 ◎ 主 编
王淑桢 孟 男 崔 辉 赵臣国 东杰夫 ◎ 副主编

中国铁道出版社有限公司
CHINA RAILWAY PUBLISHING HOUSE CO., LTD.

内 容 简 介

本书以 Adobe Photoshop 2020 版本平面设计软件为平台，从实际教学出发，结合该软件的新增功能，配合素质拓展专题，循序渐进地讲述 Photoshop 2020 版本的基础操作与实际应用技巧。本书结合专业教学与思政教学团队多年教学经验，精心设计各章节知识结构及专题内容，做到了知识、能力和素养的合理结合。

全书共分为 8 章，主要包括初识 Photoshop 软件、选区、图层、绘图修饰及色彩调整、滤镜、路径、蒙版、通道等内容。同时结合各章节中的思政专题与知识拓展专题，配合部分重点章节的实践案例专题详细介绍 Photoshop 软件的基础操作与应用方法。

本书可作为高等职业院校相关专业的教材，也可作为艺术设计类专业思政设计参考书目，还可作为从事平面设计相关人员的参考用书。

图书在版编目（CIP）数据

Photoshop 平面设计基础与案例教程/刘源，孙冠男主编. —北京：中国铁道出版社有限公司，2022.3（2024.1重印）
高等职业教育"十四五"规划教材
ISBN 978-7-113-28768-9

Ⅰ.①P… Ⅱ.①刘… ②孙… Ⅲ.①平面设计-图像处理软件-高等职业教育-教材 Ⅳ.①TP391.413

中国版本图书馆 CIP 数据核字（2022）第 003169 号

书　　名：	Photoshop 平面设计基础与案例教程
作　　者：	刘　源　孙冠男
策　　划：	潘星泉　　　　　编辑部电话：（010）51873090
责任编辑：	潘星泉　包　宁
封面设计：	高博越
责任校对：	孙　玫
责任印制：	樊启鹏

出版发行：中国铁道出版社有限公司（100054，北京市西城区右安门西街 8 号）
网　　址：http://www.tdpress.com/51eds/
印　　刷：三河市兴达印务有限公司
版　　次：2022 年 3 月第 1 版　2024 年 1 月第 2 次印刷
开　　本：787 mm×1 092 mm　1/16　印张：11.5　字数：278 千
书　　号：ISBN 978-7-113-28768-9
定　　价：45.00 元

版权所有　侵权必究

凡购买铁道版图书，如有印制质量问题，请与本社读者服务部联系调换。电话：（010）51873174
打击盗版举报电话：（010）63549461

前　言

如今互联网技术发展日趋成熟,艺术设计相关技术在互联网领域中的作用也日渐增多。与此同时,在高等职业教育逐渐向职业本科教育转化的过程中,诸多艺术设计类、计算机类专业对于平面设计软件的教学和学习需求也在不断提升。

平面设计软件基础应用技能是艺术设计类、计算机类、旅游类、建筑类等诸多高职专业的重要应用技能。掌握与熟练运用基础平面软件对今后的工作起着至关重要的作用。在当今高职教育过程中,如何有机结合思政设计元素,成为诸多教育者所思考和研究的新课题。我们在多位专业思政教育者的指导和参与下,吸取他们对于思政元素的设计和应用方法,结合平面设计基础软件教学团队的教学经验,同时吸取相关行业企业设计师对于平面设计软件技能教学的建设性意见,编写了本书。

本书主要有以下几个特点:

1. 设计新颖

本书主要针对 Photoshop 2020 版本软件的基础应用规范进行归纳与总结。在综合分析了诸多同类教材的优缺点之后,本书侧重于针对 Photoshop 2020 版本软件的基础操作进行调整与规划。在掌握 Photoshop 软件的基础上,融入相关拓展专题进行讲解,使初学者能够真正理解 Photoshop 软件操作过程中的逻辑思路与使用技巧,从而提高学习效率。

2. 思政结合

作为一本平面设计软件基础教材,本书经过细致研究,以章节为单位重点设置了诸多思政专题版块,可有效应用于具体教学与学习中,力争使思政设计元素与软件教学内容达到完美、自然的结合。

3. 讲练结合

本书除系统的知识与技能基础理论外,针对重点章节还精心设计了相关案例精讲内容,力争做到理论与实践相结合,使读者对所学知识真正做到理解吸收、触类旁通。

本书由刘源和孙冠男任主编,由王淑桢、孟男、崔辉、赵臣国、东杰夫任副主编。刘源负责编写第3、4、5、6章内容及相关案例,并负责教材整体结构设计和后期修整工作;孙冠男负责编写第1、2章内容及相关案例;崔辉负责编写第7章内容及相关案例;孟男负责编写第8章内容及相关案例;王淑桢负责素质拓展专题整体设计;东杰夫、赵臣国负责素质拓展专题的内容编写。

本书吸收了相关前沿性研究成果,参考了诸多文献和书籍,在此一并向这些文献和书籍的作者致以深深的谢意!

由于编者水平有限,书中难免有不足之处,恳请读者批评指正。

编 者
2021 年 7 月

目 录

第1章 初识 Photoshop 软件 ………… 1
1.1 背景知识 ………………………… 1
1.1.1 Adobe 公司及 Adobe 家族软件 …………………………… 1
1.1.2 Adobe Photoshop 概述 …… 3
1.1.3 Adobe Photoshop 软件的发展 ………………………… 5
1.2 基本概念 ………………………… 7
1.2.1 图像与图像处理 …………… 7
1.2.2 像素 ………………………… 8
1.2.3 图像分辨率与输出分辨率 … 8
1.2.4 位图图像与矢量图像 ……… 8
1.2.5 颜色深度与颜色模式 ……… 9
1.2.6 图像文件格式 …………… 11
1.3 Adobe Photoshop 2020 的工作环境 …………………………… 12
1.3.1 Adobe Photoshop 2020 的操作界面 ……………………… 12
1.3.2 设置 Photoshop 的工作环境 ………………………… 15
1.4 Photoshop 基本操作 …………… 21
1.4.1 新建、打开与存储文件 …… 21
1.4.2 图像的浏览 ……………… 23
1.4.3 颜色设定 ………………… 26
1.4.4 Photoshop 的辅助功能 …… 28
1.4.5 操作的撤销与恢复 ……… 29
1.4.6 图像的剪切 ……………… 31
1.4.7 图像的变换 ……………… 32
1.4.8 图像的批处理 …………… 34
1.5 案例专题 ………………………… 38

第2章 选区 ……………………………… 44
2.1 创建选区 ………………………… 45
2.1.1 选框工具组 ……………… 45
2.1.2 套索工具组 ……………… 46
2.1.3 魔棒工具组 ……………… 47
2.1.4 "色彩范围"命令 ………… 48
2.2 修改选区 ………………………… 49
2.2.1 选区运算 ………………… 49
2.2.2 "选择"菜单 ……………… 49
2.2.3 变换选区 ………………… 50
2.2.4 选区的基本操作 ………… 51

第3章 图层 ……………………………… 53
3.1 图层的基本概念 ………………… 53
3.1.1 对于图层概念的理解 …… 53
3.1.2 图层的种类 ……………… 54
3.1.3 "图层"调板 ……………… 54
3.2 图层的基本操作 ………………… 55
3.2.1 选择图层 ………………… 55
3.2.2 创建新图层 ……………… 55
3.2.3 复制与剪切图层 ………… 56
3.2.4 图层的显示、隐藏、删除、移动 ………………………… 57
3.2.5 图层的锁定与链接 ……… 57
3.2.6 图层的对齐、分布与排序 ………………………… 58
3.2.7 图层的合并与归组 ……… 60
3.2.8 图层的辅助性操作 ……… 60
3.3 图层混合模式 …………………… 62
3.4 图层样式 ………………………… 64
3.4.1 混合选项 ………………… 65
3.4.2 投影与内阴影 …………… 66

3.4.3 外发光与内发光 ……………… 67
3.4.4 斜面和浮雕 …………………… 67
3.4.5 光泽、叠加、描边 …………… 68
3.4.6 编辑图层样式 ………………… 69
3.5 背景图层、中性色图层、智能对象 ……………………………… 69
3.5.1 背景图层 ……………………… 69
3.5.2 中性色图层 …………………… 70
3.5.3 智能对象 ……………………… 70
3.6 文字图层 ………………………… 71
3.6.1 创建文字图层 ………………… 71
3.6.2 修改文字图层 ………………… 76
3.7 案例专题 ………………………… 79

第4章 绘图修饰及色彩调整 …… 86
4.1 绘图工具 ………………………… 86
4.1.1 绘图工具的设置 ……………… 86
4.1.2 笔类工具组 …………………… 87
4.1.3 橡皮擦工具组 ………………… 90
4.1.4 填充工具组 …………………… 91
4.2 修饰工具 ………………………… 93
4.2.1 图章工具组 …………………… 93
4.2.2 修复画笔工具组 ……………… 93
4.2.3 模糊锐化工具组 ……………… 96
4.2.4 加深减淡工具组 ……………… 96
4.3 色彩调整 ………………………… 97
4.3.1 颜色模式的转换 ……………… 97
4.3.2 基本调色命令 ………………… 98
4.3.3 其他调色命令 ………………… 101

第5章 滤镜 ………………………… 107
5.1 滤镜概述 ………………………… 107
5.1.1 滤镜基本操作 ………………… 107
5.1.2 滤镜使用要点 ………………… 107
5.2 滤镜详解 ………………………… 108
5.2.1 滤镜库 ………………………… 108
5.2.2 风格化滤镜组 ………………… 109
5.2.3 画笔描边滤镜组 ……………… 110
5.2.4 模糊滤镜组 …………………… 111

5.2.5 扭曲滤镜组 …………………… 113
5.2.6 锐化滤镜组 …………………… 115
5.2.7 视频滤镜组 …………………… 116
5.2.8 素描滤镜组 …………………… 116
5.2.9 纹理滤镜组 …………………… 118
5.2.10 像素化滤镜组 ……………… 118
5.2.11 渲染滤镜组 ………………… 119
5.2.12 艺术效果滤镜组 …………… 120
5.2.13 杂色滤镜组 ………………… 123
5.2.14 其他滤镜组 ………………… 124
5.2.15 液化滤镜 …………………… 125
5.3 案例专题 ………………………… 126

第6章 路径 ………………………… 131
6.1 路径概述 ………………………… 131
6.1.1 路径简介 ……………………… 131
6.1.2 路径基本概念 ………………… 131
6.2 路径基本操作 …………………… 133
6.2.1 创建路径 ……………………… 133
6.2.2 显示与隐藏锚点 ……………… 134
6.2.3 转换锚点 ……………………… 134
6.2.4 选择与移动锚点 ……………… 135
6.2.5 添加与删除锚点 ……………… 135
6.2.6 选择与移动路径 ……………… 136
6.2.7 存储工作路径 ………………… 136
6.2.8 删除路径 ……………………… 136
6.2.9 显示与隐藏路径 ……………… 136
6.2.10 重命名已存储的路径 … 137
6.2.11 复制路径 …………………… 137
6.2.12 描边路径 …………………… 137
6.2.13 填充路径 …………………… 138
6.2.14 路径与选区间的转化 … 139
6.3 路径高级操作 …………………… 140
6.3.1 文字沿路径排列 ……………… 140
6.3.2 文字转化为路径 ……………… 141
6.3.3 路径运算 ……………………… 142
6.3.4 子路径的对齐与分布 ……… 143
6.3.5 路径的变换 …………………… 143

第 7 章 蒙版 ·············· 145
7.1 蒙版概述 ············· 145
7.2 快速蒙版 ············· 145
7.2.1 使用快速蒙版编辑选区 ··············· 145
7.2.2 修改快速蒙版参数 ······· 146
7.3 剪贴蒙版 ············· 147
7.3.1 创建剪贴蒙版 ········· 147
7.3.2 释放剪贴蒙版 ········· 147
7.4 图层蒙版 ············· 148
7.5 矢量蒙版 ············· 150
7.6 几种与蒙版相关的图层 ····· 151
7.7 案例专题 ············· 152

第 8 章 通道 ·············· 161
8.1 通道原理与工作方式 ······ 161
8.1.1 通道概述 ············ 161
8.1.2 颜色通道 ············ 162
8.1.3 Alpha 通道 ·········· 163
8.1.4 专色通道 ············ 164
8.2 通道基本操作 ·········· 164
8.2.1 选择通道 ············ 164
8.2.2 通道的显示与隐藏 ····· 165
8.2.3 将颜色通道显示为彩色 ··············· 165
8.2.4 创建 Alpha 通道 ······ 165
8.2.5 重命名 Alpha 通道 ···· 167
8.2.6 复制通道 ············ 167
8.2.7 删除通道 ············ 168
8.2.8 存储选区 ············ 168
8.2.9 载入选区 ············ 169
8.2.10 分离与合并通道 ······ 169
8.3 案例专题 ············· 169

参考文献 ················ 176

第 1 章　初识Photoshop软件

1.1　背　景　知　识

1.1.1　Adobe 公司及 Adobe 家族软件

Adobe 系统公司(Adobe Systems Incorporated,标识如图 1-1 所示)是一家跨国计算机软件公司,总部位于美国加利福尼亚州的圣何塞。

Adobe Systems Inc. 始创于 1982 年,目前是广告、印刷、出版、媒体和 Web 领域首屈一指的图形设计、出版和成像软件设计公司,同时也是世界上第二大桌面软件公司。公司为图形设计人员、专业出版人员、文档处理机构和 Web 设计人员,以及商业用户和消费者提供了首屈一指的软件。使用 Adobe 的软件,用户可以设计、出版和制作具有精彩视觉效果的图像和文件。

图 1-1　Adobe 系统公司标识

Adobe 公司的家族软件中主要创意产品如图 1-2 所示。

图 1-2　Adobe 家族软件

Adobe Photoshop,简称 PS,是经典并应用广泛的图像处理软件。Photoshop 主要处理以像素组成的数字图像。使用其内在的编辑与绘图工具,可以高效地进行图片编辑与处理工作。PS 软件在图形、图像、文字、视频、出版等各方面都有所涉及。2003 年,Adobe Photoshop 8 被更名为 Adobe Photoshop CS。2013 年 7 月,Adobe 公司推出了新版本的 Photoshop CC,自此,Photoshop CS6 作为 Adobe CS 系列的最后一个版本被新的 CC 系列取代。截至 2020 年 1 月 Adobe Photoshop 2020 为市场最新版本。

Adobe Premiere,简称 PR,是由 Adobe 公司开发的一款常用视频编辑软件,其经历的版本有 CS4、CS5、CS6、CC2014、CC2015、CC2017、CC2018、CC2019 以及 2020 版本。Adobe Premiere 是一款高效的非线性视频编辑软件,具有较好的兼容性,可以与 Adobe 公司推出的其他软件产品进行相互协作。目前这款软件广泛应用于广告制作、视频制作、自媒体以及电视节目制作中。其最新版本为 Adobe Premiere Pro 2020。

Adobe Illustrator，简称 AI，是一款很常用的矢量图形绘制与处理软件。作为一款广泛应用的矢量图形处理工具，该软件主要应用于印刷出版、海报书籍排版、专业插画、多媒体图像处理、工业设计以及互联网页面的制作等领域，也可以为线稿提供较高的精度和控制，适合于任何小型设计到大型的复杂项目。

Adobe Dreamweaver，简称 DW，中文名称为"梦想编织者"，最初由美国 Macromedia 公司开发，2005 年被 Adobe 公司收购。DW 是集网页制作和管理网站于一身的网页代码设计与编辑软件。

Adobe Indesign，简称 ID，是 Adobe 公司为专业排版设计领域而开发的专业排版设计软件，主要用于各种印刷品的排版编辑。ID 可以将文档直接导出为 Adobe 的 PDF 格式，而且有多语言支持。

Adobe After Effect，简称 AE，是 Adobe 公司推出的一款图形视频处理软件，适用于从事设计和视频特技的机构，包括电视台、动画制作公司、个人后期制作工作室以及多媒体工作室，属于层类型影视后期制作软件。

素质拓展专题 你所了解的我国知名软件公司有哪些？

我国在计算机软件开发领域虽然起步较晚，但自改革开放以来，我国在这一领域的发展和进步是飞快的，先后涌现了很多国内外知名的软件开发企业，这些中国科技企业正逐渐发展壮大，并逐步走向世界，成为引领我国信息技术产业的中坚力量。

其中，比较知名的企业如：

华为技术有限公司(华为 HUAWEI)是全球领先的信息与通信技术解决方案供应商，员工持股的民营科技公司，在电信运营商/企业/终端和云计算等领域构筑了端到端的解决方案优势。

中兴通讯股份有限公司(中兴 ZTE)是全球领先的综合通信解决方案提供商，其手机和 IT 软件口碑极佳，拥有通信业界完整的、端到端的产品线和融合解决方案。

浪潮集团有限公司(浪潮 inspur)是服务器-IT 软件十大品牌，曾以研发中文寻呼机知名，国内领先的云计算/大数据服务商，是主要从事系统与技术、软件与服务、半导体三大产业的高新技术企业。

东软集团股份有限公司(东软 Neusoft)是国内大型的离岸软件外包提供商，其嵌入式软件服务于众多全球知名品牌，是专业提供 IT 解决方案与服务的上市公司。

中国软件与技术服务股份有限公司(中软 CS&S)，隶属于中国电子信息产业集团，是各类应用软件以及全方位的解决方案供应商，是致力于开发系统信息安全等相关服务的高科技企业。

国电南瑞科技股份有限公司(南瑞 NARI)，直属国家电网公司，是江苏省著名商标，在智能电网、轨道交通、工业控制、清洁能源、电力电子、节能环保等领域提供各全方位解决方案。

杭州海康威视数字技术股份有限公司(海康威视 HIKVISION)是监控设备-安防十大品牌、浙江省著名商标、上市公司，是国内领先的安防产品及行业解决方案提供商。

中国航天科工集团控股的航天信息股份有限公司(航天信息 Aision)，是高新技术企业，是以信息安全为核心技术的国有上市公司。

浙大网新科技股份有限公司(浙大网新 insigma)，是智慧城市、智慧商务和智慧生活 IT 全方位方案服务供应商，是国内知名的信息技术咨询服务企业。

1.1.2 Adobe Photoshop 概述

Adobe Photoshop 是 Adobe 公司旗下最为出名的图像处理软件之一。该软件集图像扫描、编辑修改、图像制作、广告创意,图像输入与输出于一体,具有十分强大的图形图像编辑功能。

Adobe Photoshop 的应用领域很广泛,在图像、图形、文字、视频、出版各方面都有涉及,其主要功能如表 1-1 所示。

表 1-1 Photoshop 应用领域

图像处理	Photoshop 的专长在于图像处理。图像处理是对已有的位图图像进行编辑加工处理以及运用一些特殊效果,其重点在于对图像的处理加工
平面设计	平面设计是 Photoshop 应用最为广泛的领域,无论是图书封面,还是招贴、海报,这些平面印刷品通常都需要 Photoshop 软件对图像进行处理
广告摄影	广告摄影作为一种对视觉要求非常严格的工作,其最终成品往往要经过 Photoshop 的修改才能得到满意的效果
影像创意	影像创意是 Photoshop 的特长,通过 Photoshop 的处理可以将不同的对象组合在一起,使图像发生变化
网页制作	网络的普及促使更多人需要掌握 Photoshop,因为在制作网页时 Photoshop 是必不可少的网页图像处理软件
后期修饰	在制作建筑效果图(包括三维场景)时,人物与配景包括场景的颜色常常需要在 Photoshop 中增加并调整
视觉创意	视觉创意与设计是设计艺术的一个分支,此类设计通常没有非常明显的商业目的,但由于它为广大设计爱好者提供了广阔的设计空间,因此越来越多的设计爱好者开始学习 Photoshop,并进行具有个人特色与风格的视觉创意
界面设计	界面设计是一个新兴的领域,受到越来越多的软件企业及开发者的重视。在当前还没有用于界面设计的专业软件,因此绝大多数设计者使用的都是 Photoshop

平面设计是 Adobe Photoshop 应用最为广泛的领域,包括书籍装帧、包装、招贴、海报,这些具有丰富图像的平面印刷品,基本上都需要该软件对图像进行处理。

Adobe Photoshop 还具有非常强大的图像修饰功能。利用这些功能,可以快速修复影像与照片,也可以针对人像、产品以及景物等摄影作品进行精修。特别是当前越来越多的购物网站所应用的产品展示图片,使用 PS 软件可以圆满地完成客户的展示需求,这也使得数码照片设计的处理成为一个新兴的行业。此外,广告摄影作为一种对视觉要求非常严格的工作,其最终成品往往要经过 PS 的修改才能得到满意的效果。

Photoshop 的特长之处在于产生视觉创意作品,通过 Photoshop 的处理,可以完成在图形创意指导下的广告创意作品,使图像发生极具震撼感与趣味性的变化。视觉创意与设计应用于诸多商业与非商业广告的创意过程中,PS 软件实现了非现实情况下的"移花接木"效果,使得许多设计师从容地完成具有个人特色与风格的视觉创意作品。

Photoshop 的另一项重要使命在于网站开发与网页设计领域。PS 软件可以在网页程序设计之初为设计者提供切实可行的网页效果图设计。因此，在制作网页时 Photoshop 是必不可少的网页图像处理软件，其网页设计效果如图 1-3 所示。

图 1-3　基于 Photoshop 设计的网页效果图

Photoshop 也是插画设计领域的重要应用软件。由于其具有良好的绘画与调色功能，许多插画设计师可以借助数位板利用 Photoshop 绘制插画。同时，这种技术也被广泛应用于动漫原画及 CG 作品的创作中，如图 1-4 所示。

PS 可以与三维软件进行配合，对制作精良的三维模型进行贴图和后期调整工作，从而得到较好的渲染效果。此外，在制作材质时，除了要依靠三维软件本身具有的材质功能外，利用 Photoshop 可以绘制在三维软件中无法得到的精美材质。此外，在制作建筑效果图及三维场景时，常常需要在 Photoshop 中进行效果的调整。

界面设计（见图 1-5）是一个新兴的领域，已经受到越来越多的软件企业及开发者的重视，虽然暂时还未成为一种全新的职业，但相信不久一定会出现专业的界面设计师。在当前还没有用于界面设计的专业软件，因此绝大多数设计者使用的都是 PS。

图 1-4　CG 数字插画

图 1-5　界面设计

1.1.3 Adobe Photoshop 软件的发展

1985 年,美国苹果计算机公司率先推出图形界面的 Macintosh(麦金塔)系列计算机。1986 年夏天,Michigan 大学的一位研究生 Thomas Knoll 编制了一个程序,用于在 Macintosh 计算机上显示灰阶图像。最初他将这个软件命名为 display,后来改名为 Photoshop,在被 Adobe 收购后,这个名字仍然被保留。

1990 年 2 月,Photoshop 版本 1.0.7 正式发行,第一个版本只有一个 800 KB 的软盘,并在 MAC 系统下得以运行,如图 1-6(a)所示。

1991 年 6 月,Adobe 发布了 Photoshop 2.0 版本,提供了很多更新的工具,比如矢量编辑、CMYK 颜色以及 Pen tool(钢笔工具)。

以上两个版本都基于 Mac 系统下运行,1993 年,Adobe 决定开发支持 Windows 的版本,代号为 Brimstone,这就是 Adobe Photoshop 2.5 版本,如图 1-6(b)所示。

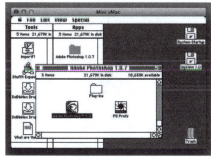
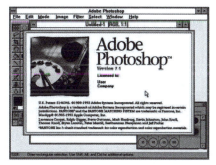

(a) Photoshop 1.0.7 版本　　　　　　　(b) Photoshop 2.5 版本

图 1-6　PS1.0.7 和 PS2.5 版本软件界面

1994 年,Photoshop 3.0 版本正式发布,全新的图层功能也在这个版本中崭露头角。这个功能具有革命性的创意:允许用户在不同视觉层面中处理图片,然后合并压制成一张图片。

1997 年 9 月,Adobe Photoshop 4.0 版本发行,主要改进是用户界面。Adobe 在此时决定把 Photoshop 的用户界面和其他 Adobe 产品统一化,此外,程序使用流程也有所改变。

1998 年 5 月,Adobe Photoshop 5.0 版本发布,代号 Strange Cargo。版本 5.0 引入了 History(历史)的概念。此外,色彩管理也是 5.0 的一个新功能。

1999 年 2 月,发行 Photoshop 5.5 版本,此版本中捆绑了一个独立的软件 ImageReady,加强了 Photoshop 对网络图像(主要是 GIF 图像文件)的支持功能。

2000 年 9 月,Adobe Photoshop 6.0 版本正式发布,如图 1-7 所示。经过改进,Photoshop 与其他 Adobe 工具交换更为流畅,此外,Photoshop 6.0 引进了形状(Shape)这一新特性。图层风格和矢量图形也是 Photoshop 6.0 的两个特色。

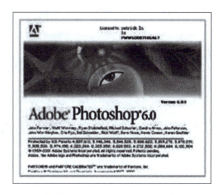

图 1-7　Photoshop 6.0 版本

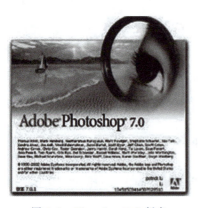

图 1-8　Photoshop 7.0 版本

2002 年 3 月的 7.0 版本为图像处理带来了革命性进步，如图 1-8 所示。在数码相机流行起来之前，Photoshop 处理的图片主要来自于扫描文件，数码相机与图像处理软件之间没有建立有效的联系。数码相机的盛行，使得 Photoshop 7.0 版适时地增加了图片修改功能，还有一些基本的数码相机应用功能，如 EXIF 数据、文件浏览器等。

2003 年 9 月，发行 Adobe Creative Suite 套装，将 Adobe Photoshop 8 更名为 Adobe Photoshop CS，如图 1-9 所示。并增加了镜头校正、镜头模糊、智能调节亮度等功能。

2005 年 4 月，Adobe Photoshop 升级至 CS2 版本。增加智能对象、图像扭曲、点恢复笔刷、红眼工具、镜头校正滤镜、智慧锐化等核心功能，并支持高动态范围成像。

2007 年 4 月，发行 Photoshop CS3 版本，重新设计了软件界面，并增加 3D、智能滤镜、视频编辑等功能。因对 Photoshop 本身功能不断加强，大部分 ImageReady 的功能在 Photoshop CS3 中已经具备，所以 Photoshop CS3 不再捆绑 ImageReady。

2008 年 11 月，发行 Photoshop CS4 版本，开始原生支持 64 位系统。在软件安装过程中，若安装程序检测到计算机为 64 位，将会自动多出一个 64 位 Photoshop 的安装选项。

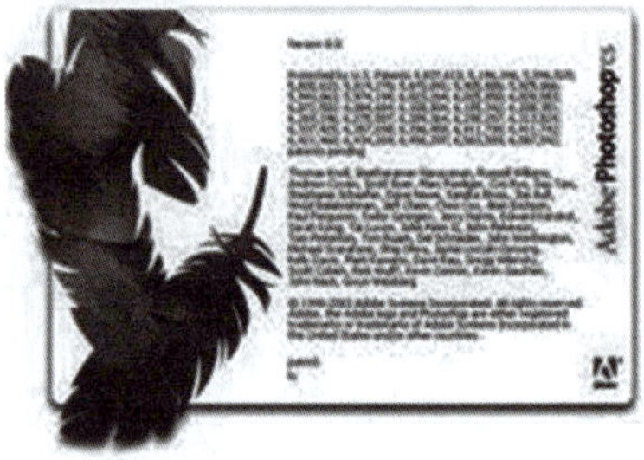

2010 年 4 月 12 日，Adobe 创意套装升级至 CS5 版本并正式发布。Adobe CS5 版本总共有 15 个独立程序和相关技术，更新了 HDR 成像和原始图像处理，新增了 CPU 加速功能，配合高效简洁的操作界面使 Adobe 创意产品上升到一个新的高度。

图 1-9　Photoshop CS 版本

2012 年 4 月 23 日，发行 Photoshop CS6 版本，重新设计了界面，拥有新一代 Adobe Mercury 图形引擎以及大量改进的工具。

2013 年 6 月 17 日，发行 Photoshop CC，提供了加强的 Raw 工具，以及更丰富的滤镜。并新增 Creative Cloud 库功能，使在不同的计算机上可以使用多种应用程序查看以相同 Adobe ID 创建的资源，同时支持 Windows 触控设备。

图 1-10　Adobe Photoshop 2020 版本

最新版本的 Adobe Photoshop 2020 版于 2019 年 10 月发布，更新了诸如云文档、预设分组、对象选择工具（智能切口）等实用功能，如图 1-10 所示。

Adobe Photoshop 自 1993 年引入我国以来，该软件及其系列产品对于中国创意产业的发展起着至关重要的作用。如今，Adobe 的用户群不断增长，Photoshop 已成为设计师手中完成自身工作的必备工具，它已在中国及世界范围内建立起创意设计行业的核心技能体系。

素质拓展专题 从 PS 软件的发展历程中我们能够领悟到事物有怎样的发展规律?

　　唯物辩证法的否定之否定规律表明,事物发展是前进性和曲折性的统一。从发展方向上看,事物发展的总趋势是前进的,事物经过两次否定,克服了消极因素,保留积极因素,增加更高级的新内容。从发展道路上看,事物发展是迂回曲折的,出现了仿佛回到出发点的运动,有时还会出现暂时倒退,说明新事物战胜旧事物是一个反复斗争的过程。坚持前进性和曲折性的统一,反对两种错误观点:一种是循环论,只看到曲折性,看不到前进性;另一种是直线论,只看到前进性,看不到曲折性。事物的发展是一个过程。一切事物,只有经过一定的过程才能实现自身的发展。自然界、人类社会和思维领域中的一切现象都是作为一个过程而向前发展的。

1.2 基 本 概 念

1.2.1 图像与图像处理

　　图像是客观对象的一种相似性的、生动性的描述或写真,是人类社会活动中最常用的信息载体。或者说图像是客观对象的一种表示,它包含了被描述对象的有关信息,它是人们最主要的信息源之一。

　　图像用各种观测系统以不同的形式和手段观测世界而获得,可以直接或间接作用于人眼并进而产生视知觉的实体。

　　图像可分为模拟图像和数字图像,模拟图像又称实物图像,它是三维空间内的实物,这种图像无法利用计算机直接处理,比如照片、底片、印刷品、绘画作品等。与此相对应的就是数字图像。数字图像即计算机图像,是用计算机程序与语言把图像分解成采样点,并将这些采样点用量化的整数值表示的图像,这种图像可以直接用计算机加以编辑和处理,比如计算机中存储的图片文件、扫描生成的图像文件、数码照片、数字视频文件等。模拟图像与数字图像之间可以利用专业设备进行相互转化,这些设备如常见的扫描仪、打印机、数码照相机、数码摄像机、调制解调器、视频采集卡、数字机顶盒等。

　　图像处理是指对图像进行分析、加工和处理,使其满足视觉、心理或其他要求的技术。图像处理是信号处理在图像领域上的一个应用。当前大多数的图像均是以数字形式存储的,因而图像处理很多情况下指数字图像处理。此外,基于光学理论的处理方法也在图像处理中占有重要的地位。

素质拓展专题 通过对图像以及图像处理的学习,思考人与计算机的关系。

　　计算机作为人类第三次科技革命的标志之一,是人类在工具制造和应用领域的重大变革,其发明者为约翰·冯·诺依曼。计算机是 20 世纪最先进的科学技术发明之一,对人类的生产活动和社会活动产生了极其重要的影响,并以强大的生命力飞速发展。

> 计算机(computer)俗称电脑,是一种用于高速计算的电子计算机器,既可以进行数值计算,又可以进行逻辑计算,还具有存储记忆功能,是能够按照程序运行、自动、高速处理海量数据的现代化智能电子设备。
>
> 制造工具是人和动物的根本区别,生产工具在生产资料中起主导作用。社会生产的变化和发展,体现在生产力的变化和发展上,首先是从生产工具的变化和发展上开始的。生产工具不仅是社会控制自然的尺度,也是生产关系的指示器。马克思说:"手推磨产生的是封建主为首的社会,蒸汽磨产生的是工业资本家为首的社会。"(《马克思恩格斯选集》第 1 卷,第 108 页)生产工具的内容和形式是随着经济和科学技术的发展而不断发展变化的。早期的生产工具(石木工具、金属工具)是劳动者依靠自身的体力,用手操纵的;后来的机器则包括工具机、动力机和传动装置等三个部分,形成了复杂的体系;而现代的自动化机器体系,又增加了以电子计算机为核心的自控装置。生产工具的出现是必然的,是人类在发展过程的一个必然的进步,让人类的双手解放出来。

1.2.2 像素

像素(pixel)是指在由一个数字序列表示的图像中的一个最小单位,在数字图像(以下简称:图像)中它是一个小的矩形颜色块。一个图像通常由许多像素排列组成,每个像素都有位置、颜色、尺寸等属性,当我们把一幅图像在相应编辑软件中进行适度放大后,就可以清晰地观察到这些像素。一定尺寸下图像中所包含的像素越多,图像的质量越高,效果就越好。

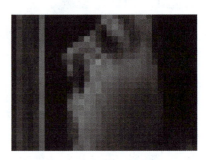

图 1-11 图像中的像素

由于图像中像素的排列是纵横方向的规律排列,因此像素也称为栅格,如图 1-11 所示。

1.2.3 图像分辨率与输出分辨率

图像分辨率指图像中存储的信息量,是每英寸图像内有多少个像素点,分辨率的单位为 PPI(Pixels Per Inch),通常叫做像素每英寸。图像分辨率越高,单位长度内所包含的像素越多,图像的信息量越多,质量越高,因而图像文件也就越大。

输出分辨率又称设备分辨率(Device Resolution),指的是各类输出设备每英寸上可产生的点数,如显示器、喷墨打印机、激光打印机、绘图仪的分辨率,单位是 dpi(dots per inch)。输出分辨率是针对输出设备而制定的图像输出质量标准。目前,PC 显示器的设备分辨率在 60~120 dpi 之间。而打印设备的分辨率则在 360~1 440 dpi 之间。

1.2.4 位图图像与矢量图像

位图图像(bitmap)也称为点阵图像或栅格图像,由多个像素点组成。位图的特点是可以表现色彩的变化和颜色的细微过渡,产生逼真的效果,缺点是在保存时需要记录每一个像素的位置和颜色值,占用较大的存储空间。常见的生成位图的软件有 Photoshop、Painter 等。

矢量图像也称为面向对象的图像或绘图图像,在数学上定义为一系列由点连接的线。矢量文件中的图形元素称为对象。矢量图以几何图形居多,优点是图形可以无限放大,不变色、不模糊,但缺点是难以表现色彩丰富的图像效果,常用于图案、标志、VI、文字等设计。常用软件有 CorelDRAW、Illustrator、Freehand、XARA、CAD 等。

关于位图与矢量图的联系与区别,是设计初学者必须了解的专业常识,对于今后的应用软件学习有至关重要的作用,具体两种图像的相关信息如表 1-2 所示。

表 1-2 位图与矢量图的联系与区别

比 较 项	位 图 (点阵图、像素图、栅格图)	矢 量 图
定义	由像素点按照一定次序排列组成的图像	由一些数学方式描述的曲线所组成的图形
最基本单元	像素	路径和锚点
优点	有利于编辑信息量较为复杂的图像并反映色彩丰富的画面	矢量图与分辨率无关,缩放时不影响图像清晰度
缺点	缩放时影响图像清晰度	不利于编辑和反映信息量较为复杂的画面
生成软件	Photoshop/Painter/Fireworks……	Illustrator/CorelDRAW/Flash……
适用领域	图像编辑、影视后期、摄影后期、招贴、动画、插画、网页设计……	卡通形象、数字插画、标志、企业形象手册、平面排版……

1.2.5　颜色深度与颜色模式

颜色深度(Color Depth)又称"位深度"或"位分辨率",用来衡量图像中颜色数量,其单位是位(bit)。图像的颜色深度越高,其中所包含的颜色数量越多,图像的质量就越高,所占用的存储空间也越大。常见的颜色深度有 1 位、8 位、24 位、32 位等。

颜色模式是将某种颜色表现为数字形式的模型,或者说是一种记录图像颜色的方式。分为 RGB 模式、CMYK 模式、HSB 模式、Lab 颜色模式、位图模式、灰度模式、索引颜色模式、双色调模式和多通道模式等。

颜色的实质是一种光波。它的存在是因为有三个实体:光线、被观察的对象以及观察者。人眼是把颜色当作由被观察对象吸收或者反射不同频率的光波形成的。例如,当在一个晴朗的日子里,我们看到阳光下的某物体呈现红色时,那是因为该物体吸收了其他频率的光,而把红色频率的光反射到我们人眼里的缘故。我们可以把颜色模式理解为颜色的混合形式,不同的混合形式形成了图像的不同颜色模式。当我们在对图像进行颜色处理时,要遵循一定的规则,即我们是在不同颜色模式下对图像进行处理。

RGB 颜色模式是数字图像最常见的颜色模式,因为自然界中所有的颜色都可以用红、绿、蓝(RGB)这三种颜色频率的不同强度组合而得,这就是人们常说的"三基色"。这个标准几乎包括了人类视力所能感知的所有颜色,是目前运用最为广泛的颜色系统之一。RGB 是从颜色发光的原理来设计的,通俗地说,它的颜色混合方式就好像有红、绿、蓝三盏灯,当它们的光相互叠合的时候,色彩相混,而亮度却等于三者亮度之总和,越混合亮度越高,因此 RGB 模式又称为"色光加色法"。RGB 模式的图像有三个不同的颜色通道,用 0～255 阶来描述各像素的颜色值,当像素在三个通道之中的色值相同时,产生的是灰色。当三个通道中的色值都是

255 时,产生的是白色。当三个通道中的色值都是 0 时,产生的是黑色。RGB 颜色模型如图 1-12 所示。

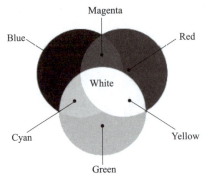

图 1-12　RGB 颜色模型

CMYK 颜色模式是一种印刷或打印模式。其中四个字母分别指青(Cyan)、洋红(Magenta)、黄(Yellow)、黑(Black),在印刷中代表四种颜色的油墨。CMYK 模式在本质上与 RGB 模式没有什么区别,只是产生色彩的原理不同,在 RGB 模式中,由光源发出的色光混合生成颜色,而在 CMYK 模式中,人们在所有非发光体(如纸、衣服等)上看到的颜色是由光线的反射造成的。当光照射到物体上,该物体吸收一部分光线,并将其他光线进行反射。反射的光线就是我们看到的物体的颜色,这是一种减色模式。因此,CMYK 模式又称为"色料减色法",如图 1-13 所示。

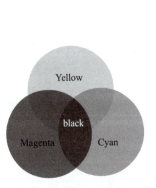

图 1-13　CMYK 颜色模型

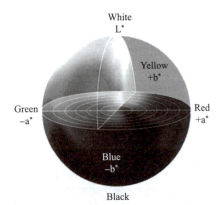

图 1-14　Lab 颜色模型

Lab 模式是由国际照明委员会(CIE)于 1976 年公布的一种色彩模式。RGB 模式是一种发光屏幕的加色模式,CMYK 模式是一种颜色反光的印刷减色模式。而 Lab 模式既不依赖光线,也不依赖于颜料,它是 CIE 组织确定的一个理论上包括了人眼可以看见的所有色彩的色彩模式。Lab 模式由三个通道组成,包含明度,即 L。另外两个是色彩通道,用 A 和 B 来表示。A 通道包括的颜色是从深绿色(低亮度值)到灰色(中亮度值)再到亮粉红色(高亮度值);B 通道则是从深蓝色(低亮度值)到灰色(中亮度值)再到黄色(高亮度值)。因此,这种色彩混合后将产生明亮的色彩。这种颜色模式在众多颜色模式中表示的色域最大,如图 1-14 所示。

> **素质拓展专题** 通过学习颜色模式，我们了解了人眼进行视觉感知的原理，但我们常常听说的"存在即被感知"又该如何理解呢？
>
> 　　存在就是被感知，是英国贝克莱主教的名言，他是著名的经验主义者。
>
> 　　这个题设是属于唯心主义的观点，贝克莱认为，既然所有外物经过感觉到达心灵，那么我们能够确信的是我们的感觉，我们无法确定感觉之外还有什么外物。在他看来，物质只不过是我们经验到的感觉材料的累积，习惯的力量使它们在我们的心中联结起来。根据辩证唯物论的观点，事物的联系是普遍的、客观的，必须坚持联系的观点，反对孤立、静止地看问题。也就是说，万事万物，是先于人的意识而存在的，人感知不到的，未必不存在。因此，先有存在，才能被感知。

　　索引颜色模式是网页和动画中常用的图像颜色模式，索引颜色图像包含一个颜色表，该表内有 256 种颜色。如果原图像中颜色没有该表内的颜色，则 Photoshop 会从可使用的颜色中选出最相近颜色来模拟这些颜色，这样可以减小图像文件的尺寸。索引颜色模式用来存放图像中的颜色并为这些颜色建立颜色索引，颜色表可在转换的过程中定义或在生成索引图像后修改。

　　灰度模式是用单一色调表现图像，一共可表现 256 级灰色调（含黑和白），也就是 256 种明度的灰色，是从黑→灰→白的过渡，如同黑白照片。

　　位图模式用两种颜色（黑和白）来表示图像中的像素。位图模式的图像又称黑白图像或 1 位图模式。在转换为位图模式前，图像必须是灰度模式。

　　颜色深度、颜色数量、颜色模式对照表如表 1-3 所示。

表 1-3　颜色深度、颜色数量、颜色模式对照表

颜色深度	颜色数量	颜色模式
1 位	2（黑、白）	位图模式
8 位	2^8（256）	索引颜色、灰度
16 位	2^{16}（65 536）	灰度、多通道
24 位	2^{32}（1 670 万）	RGB
32 位	2^{32}	RGB、CMYK
48 位	2^{48}	RGB、多通道

1.2.6　图像文件格式

　　图像文件格式是记录和存储影像信息的格式。对数字图像进行存储、处理、传播，必须采用一定的图像格式，也就是把图像的像素按照一定的方式进行组织和存储，把图像数据存储成文件就得到图像文件。图像文件格式决定了应该在文件中存放何种类型的信息，文件如何与各种应用软件兼容，文件如何与其他文件交换数据。常见的图像文件格式有 PSD 格式、JPEG 格式、PNG 格式、BMP 格式、TIFF 格式、GIF 格式等。

　　PSD（Photoshop Document）是 Photoshop 软件的专用格式。PSD 文件可以存储成 RGB 或 CMYK 模式，还能够自定义颜色数并加以存储，还可以保存 Photoshop 的图层、通道、路径等信息，是唯一能够支持全部图像色彩模式的格式，其主要功能是在保存图像后可在今后进行再度编辑。

JPEG(Joint Photographic Experts Group,联合图片专家组)是用于连续色调静态图像压缩的一种标准,文件拓展名为.jpg 或.jpeg,是最常用的图像文件格式。其主要是采用预测编码(DPCM)、离散余弦变换(DCT)以及熵编码的联合编码方式,以去除冗余的图像和彩色数据,属于有损压缩格式,它能够将图像压缩在很小的存储空间,一定程度上会造成图像数据的损伤。尤其是使用过高的压缩比例,将使最终解压缩后恢复的图像质量降低,如果追求高品质图像,则不宜采用过高的压缩比例。

BMP 是 Bitmap(位图)的简写,它是 Windows 操作系统中的标准图像文件格式,能够被多种 Windows 应用程序所支持。随着 Windows 操作系统的流行与丰富的 Windows 应用程序的开发,BMP 位图格式理所当然地被广泛应用。这种格式的特点是包含的图像信息较丰富,几乎不进行压缩,但由此导致了它与生俱来的缺点——占用磁盘空间过大。所以,目前 BMP 在单机上比较流行。

TIFF(标记图像文件格式)是一种灵活的位图格式,主要用来存储包括照片和艺术图在内的图像,最初由 Aldus 公司与微软公司一起为 PostScript 打印开发。TIFF 与 JPEG 和 PNG 一起成为流行的高位彩色图像格式。而且 TIFF 格式还可加入作者、版权、备注以及自定义信息,存放多幅图像。

GIF(图像交换格式)的全称是 Graphics Interchange Format,可译为图形交换格式,用于以超文本标志语言方式显示索引彩色图像,在因特网和其他在线服务系统上得到广泛应用。

PNG 是一种采用无损压缩算法的位图格式,其设计目的是试图替代 GIF 和 TIFF 文件格式,同时增加一些 GIF 文件格式所不具备的特性。一般应用于 Java 程序、网页或 S60 程序中,原因是它压缩比高,生成文件体积小。PNG 可以为原图像定义 256 个透明层次,使得彩色图像的边缘能与任何背景平滑地融合,从而彻底地消除锯齿边缘。这种功能是 GIF 和 JPEG 没有的。

1.3 Adobe Photoshop 2020 的工作环境

1.3.1 Adobe Photoshop 2020 的操作界面

PS 工作界面如图 1-15 所示。

图 1-15 PS 工作界面

1. 菜单栏

菜单栏位于 PS 软件顶部,根据图像处理的各种要求将所有的功能命令分类后分别放在 11 个菜单中。

① "文件"菜单:主要用于文件输入、输出、存储及相关功能性操作。

② "编辑"菜单:用于对选定图像或区域进行各种编辑修改的操作,同时也可以完成对软件环境的设置。

③ "图像"菜单:主要用于图像模式和色调、图像大小等各项的设置。

④ "图层"菜单:主要用于针对图层的编辑与操作。

⑤ "文字"菜单:主要用于针对文字图层的编辑与操作。

⑥ "选择"菜单:主要用于针对选区的编辑与操作。

⑦ "滤镜"菜单:主要用于针对特定像素的编辑及特效处理。

⑧ "3D"菜单:主要完成 PS 软件的三维设计功能。

⑨ "视图"菜单:提供一些辅助命令,它是为了帮助用户从不同的视角、不同的注释来观察图像。

⑩ "窗口"菜单:用于管理 Photoshop 中的各个窗口显示与排列方式。

⑪ "帮助"菜单:用于提供 PS 软件的版本信息以及相关协助与教学功能。

2. 工具箱

工具箱提供了 20 组工具类型。工具按逻辑分组,最上方是选择工具,然后是绘图与编辑工具,下面是路径、文字和形状编辑工具,底部是两个浏览工具。想要选择使用某个工具,单击该工具图标即可。

在某组工具上方长按鼠标左键 1 秒以上,即可弹出该组工具内部的其他工具,除"缩放工具"外,PS 2020 版本所有工具组内部都包含其他同类工具。此外,缩放工具下方的"编辑工具栏"按钮可对工具箱进行自定义设置并存储。

"编辑工具栏"下方的三个功能按钮是填充控件,可进行颜色的预设与管理。

颜色控件下方是快速蒙版切换按钮,能够进入蒙版模式编辑,快速蒙版模式主要应用于保护图像或获得选区,其编辑要领在之后的蒙版章节将会进行详细阐述。对于初学者而言,误击快速蒙版切换按钮导致图像编辑环境发生变化是经常遇到的问题,此时再次单击此按钮将其弹起即可解决问题。

工具箱最下部是切换屏幕显示控件,使用户能够改变桌面上的屏幕显示状态。

3. 调板区

调板区的默认位置位于界面右侧,主要用于存放 PS 软件所提供的功能调板(以下简称调板)。Adobe Photoshop 2020 版本共提供了 33 类调板,利用这些调板可以对图层、通道、色彩等进行设置和调控。

常用的调板有以下几个:

① "导航器"调板:用于精确调整图像的显示比例,并在预览窗口快捷地查看图像的不同区域。

② "历史记录"调板:用于记录用户对图像的操作步骤。

③ "图层"调板:用于对图层进行有效的选择、编辑、组织与管理。

④"通道"调板:用于对通道进行有效的选择、编辑、组织与管理。

⑤"路径"调板:用于对路径和当前矢量蒙版进行有效的选择、编辑、组织与管理。

⑥"动作"调板:用于对动作进行有效的组织和管理。

⑦"字符"调板与"段落"调板:用于详细设置文字。

此外,还有"信息"调板、"直方图"调板、"颜色"调板、"色板"调板、"样式"调板等。

对于调板区常用的操作有以下几个:

①隐藏/显示工具栏与调板区:Tab 键、Shift + Tab 键。

②把单个调板从调板组中"剥离"或"放置":单击调板标签拖出或放置。

③在放置调板过程中,PS 软件会预先以蓝色界框提示调板所放置的位置,初学者应深入体会调板在放置过程中的层次与分组关系。

④调板通常以同类型形式成对或成组放置,初学者应快速掌握同组调板的对应关系,以便在未来使用过程中能够高效使用。

⑤隐藏/显示某个调板:"窗口"|相应调板的名称。

⑥调板选项按钮:在每一块调板的右上方都有一个由 4 条横线组成的选项按钮,可以对调板或调板选项卡组进行编辑处理,同时也可以完成部分调板的内部功能。

⑦调板的预设、复位等操作:"窗口"|"工作区"。

4. 工具选项栏

位于菜单栏下方,其功能是显示工具箱中当前被选择工具的相关参数和选项,以便对其进行具体设置。

5. 图像窗口

图像窗口中显示所打开的图像文件,在该窗口最上方的标题栏中显示图像的相关信息,如图像文件名称、文件类型、显示比例、当前所在的图层、颜色模式与颜色深度等。

用鼠标拖动图像窗口中的标题栏,可以移动图像窗口的位置。将鼠标指针移至窗口周围,根据箭头指示可改变窗口大小。

6. 状态栏

状态栏位于图像窗口最下方,显示当前图像状态、操作命令及相关提示信息,用户可通过针对状态栏的诸多操作改变和控制相应的图像。

①文档大小:左面的数字表示文件发往打印机的大小,是一个文件最终的大小,不包含层的信息。右面的数字表示包含所有层和通道的信息文件大小,通常比左面的数字大(如果右侧数字为 0,说明当前文件是一个新建空层文件,文中没有任何像素)。

②暂存盘大小:左面数字表示当前打开的所有文件占用的内存(包含背景层、通道、剪贴板占用的内存),选择编辑/清理可以删掉。右面数字表示处理图像的内存总量,这个数字等于 Photoshop 可利用的内存减去 Photoshop 运行所需要的内存量,当左面的数字大于右面的数字时说明现有的内存已经不够了,需要用虚拟内存。

③效率:数字栏中显示一个百分数,表示 Photoshop 使用的内存效率。如果低于 100% 表明 Photoshop 正在使用虚拟内存,此情况运行的效率要比使用内存时低很多。

④计时:表示执行上次操作所用的时间。

⑤当前工具:表示当前正在使用的工具。

⑥查看文件的其他信息：单击数字区会显示图像与打印纸的比例。

> **知识拓展专题** 深入理解 PS 软件的操作环境
>
> PS 软件的操作环境对于初学者而言，应建立起形象的空间概念，这样可以大大提升学习效率。总体来说，我们应把软件运行区、图像窗口、图像显示区、图像遮盖区这几个区域建立起上下层的包含与叠压关系。这里可以打一个形象的比喻：我们可以把软件运行区理解为一个无边无际的"宇宙空间"，图像窗口就是漂浮其中的"宇宙飞船"。图像遮盖区可以理解为一个镶嵌在图像窗口内部的"画框"，而图像显示区是压在"画框"下部的"画纸"。这里的"飞船""画框""画纸"都是可以自由伸缩、无边无际的。特别是"画框"与"画纸"的关系，可以理解为：我们能看到的露出的区域是涂抹了颜色的"画纸"，而没有涂抹颜色的画纸则压在"画框"下面。

1.3.2 设置 Photoshop 的工作环境

1. 颜色设置

选择"编辑"|"颜色设置"命令，打开"颜色设置"对话框，通过对相关参数进行设置可以完成颜色管理和设置工作。"设置"选项中提供了诸多软件自带的颜色预设选项，可根据设计需要进行相应选择。

2. 预设设置

选择"编辑"|"预设"|"预设管理器"命令，打开"预设管理器"对话框，在"预设类型"下拉列表框中选择等高线或工具等预设的项目。可通过右上角的设置按钮打开预设菜单进行选择性设置，同时也可以存储和载入预设项目。

如果在"预设"菜单下选择"迁移预设"命令，则能够从旧版本的 PS 软件中将预设进行移植。也可选择"导出/导入预设"命令对之前的预设项目进行相应移植性管理。

3. 快捷键、菜单与工具栏设置

选择"编辑"|"键盘快捷键"或"菜单"命令能够打开"键盘快捷键和菜单"对话框，此对话框中包含两个分页，即"键盘快捷键"与"菜单"选项。选择"键盘快捷键"分页，可根据自身需要和使用习惯对 PS 软件在相应操作类型下的快捷键进行键盘设置。选择"菜单"分页，可在相应操作类型下对菜单进行自定义设置。同理，选择"工具栏"命令能打开"自定义工具栏"对话框，可对工具栏进行自定义设置。

> **知识拓展专题** 新旧版本针对键盘快捷键的设置
>
> PS 2020 版软件在键盘快捷键的操作上与旧版本有诸多不同，例如：记录在"历史记录"调板中的"还原"命令在旧版本中是 Ctrl + Alt + Z，然而，在初装 PS 2020 版后，默认情况下变为 Ctrl + Z，这对于很习惯于旧版本的学习者来说使用起来会产生诸多不便。因此，在"键盘快捷键和菜单"对话框中的"键盘快捷键"分页下，可以选择"使用旧版还原快捷键"选项，这样在下次重启 PS 软件时，"还原"命令会恢复为旧版的应用习惯。同时，也可在"键盘快捷键"分页下选择"编辑"栏，把"还原"命令利用键盘设置为旧版操作。
>
> 当然，PS 2020 之所以这样设置，其目的并非为难学习者。对于初学者而言，习惯于新版本的快捷键操作也能够达到驾轻就熟的目的，这里的快捷键设置可根据自身喜好和操作习惯进行设置。

此外，在对"键盘快捷键和菜单"对话框进行自定义设置时，由于不同分类下的设置选项众多，相互关联性较强，一旦新的命令被占用，原有快捷键就会自动抹除。因此，不建议对快捷键进行随意设置，如发现设置错误或繁乱后，可在此对话框下选择"使用默认值"选项恢复默认设置。

4. 首选项设置

Photoshop 首选项是针对整体软件的设置，能够设置软件的界面风格、软件性能、增效工具、图像与文字显示方式等内容。

(1)"常规"首选项

在 Windows 操作系统中，选择"编辑"|"首选项"|"常规"命令，可弹出"首选项"对话框下的"常规"首选项，其快捷键为 Ctrl + K。

在"拾色器"下拉列表中，可以选择 Adobe 拾色器或者系统拾色器。两种拾色器的颜色属性有细微差别，但对于初学者而言意义不大，这里建议选择 Adobe 拾色器。

> **知识拓展专题** "HUD 拾色器"的原理与使用
>
> PS 软件的"HUD 拾色器"功能主要服务于专业插画、影视动漫原画及相关图像后期渲染等工种和相关专业设计师，多数会配合数位板等辅助工具进行使用，当然，单纯利用鼠绘方式也可利用"HUD 拾色器"完成颜色设置。在上述工作中，对于颜色设置的操作极其频繁，如果单纯使用 PS 软件工具箱中的拾色器设置颜色会严重影响工作效率。"HUD 拾色器"可完成即时、快速的颜色设置，但对于计算机配置和显卡等级有一定要求，只要选择"性能"首选项，在"图形处理器设置"栏下就能够检测到显卡信息，并选择使用图形处理器，就可以应用"HUD 拾色器"功能。
>
> "HUD 拾色器"的即时打开方法为：Shift + Alt + 右击，无论是色相环式还是色相条式，都提供了总体色相和具体明度、纯度的两个区域进行逐次选择，最终确定想要的颜色。在使用过程中为避免上述两个区域在滑动选色时相互影响，也可配合 Space 键进行针对滑标的固定。当选色完成后，"HUD 拾色器"会自动关闭，这样可以大大提升选色效率。
>
> "HUD 拾色器"的适用工种和应用需求对于初学者而言并非常用功能。因此，只需了解其应用原理和使用方法即可，具体使用方法在本章节中无须深入探究。具体颜色设置方法在之后的章节中会详细阐述，也可在之后章节的学习中针对此拓展专题进行回顾，真正了解"HUD 拾色器"的使用方法。

在"HUD 拾色器"下拉列表中，可选择两种样式的拾色器，即色相轮式和色相条式，每个样式都有大、中、小等样式进行选择。

"图像差值"用来设置图像重新分布像素时所用的运算方法，在重新取样时，Photoshop 会使用多种复杂方法来保留原始图像的品质和细节。

> **知识拓展专题** 理解"图像差值"的概念
>
> PS 软件在操作和设置中会经常遇到"差值"的概念，简单理解就是：在编辑前与编辑后两种图像或像素之间的"差别"。这里的"图像差值"选项通常应用于针对图像进行尺寸或分辨率的更改后，新旧图像之间的差别。图像更改后，像素就会重新排列和组织，PS 会用不同的运算方法对像素进行重新分布，这里可根据实际情况选择相应的选项进行图像的更改。对于初学者而言，不必深入研究具体"差值"的运算方法，通常情况下，选择"两次立方(自动)"即可。

自动更新打开的基于文件的文档:选中后在 PS 与其他附属软件或功能(如 Image Ready)之间切换时可自动更新文件或文档。

完成后用声音提示:如果执行的命令有进度条,选中此项后,PS 在完成任务时会有提示音。

自动显示主屏幕:新版 PS 软件打开时会出现一个"主页"屏幕,会显示之前打开过的文件,对于习惯使用旧版软件的初学者,可不选择此选项,打开软件后则不会出现"主页"屏幕。

导出剪贴板:选中后在 PS 中复制的内容不会因为 PS 的退出而丢失,会一直保留在剪贴板中,这样就可以提供其他软件使用。若将此选项关闭,PS 就无须在退出时将剪贴板中的信息转换为其他软件能识别的格式,从而关闭时可节约一些时间。

使用旧版"新建文档"界面:新版 PS 软件的"新建文档"对话框进行了比较大的更改,这里可根据个人喜好和应用习惯进行选择设置,新旧版本的"新建文档"对话框各有优势,新版本优点在于文档的预设类型比较丰富,而旧版的优点在于界面简洁明快,同时可观察到图像大小的信息。

在置入时调整图像大小:PS 软件在将新图像置入或嵌入到现有图像文件时,会由于两种图像尺寸和分辨率的不同产生大小差异,从而影响观察和操作,选中此选项后,置入新图像后会根据现有图像的大小自动匹配新图像的大小。

置入时跳过变换:选中后在将新图像置入或嵌入到现有图像文件后,会自动生成变换编辑框,这里可以根据具体应用环境选择是否选择。

在置入时始终创建智能对象:智能对象是 PS 软件对于图像编辑信息的集成性图层,在后面的章节中会进行详细阐述。选中此选项后,置入后的图像始终生成智能对象。

使用旧版自由变换:选中后,在进行自由变换时可恢复为旧版自由变换形式,新旧版本自由变换的操作有一定差别,主要体现在等比例缩放是否使用 Shift 键,有关自由变换操作在之后的章节中会进行详细阐述,初学者可在学习后对这一部分内容进行回顾,并依据自身情况进行相应设置。

> **知识拓展专题** 对于"首选项"设置的认知与回顾性学习
>
> "首选项"的设置对于刚刚接触本章节的初学者而言,由于其中很多设置选项与之后的操作相关联,所以很多设置选项无法深入理解。本章节针对"首选项"设置只需先进行记忆性认知即可,在后期学到相关操作后可返回此章节再进行复习性回顾。
>
> 本章节对于"首选项"设置的学习应重点关注到"首选项"对于软件工作环境与操作习惯的"总体设置"这一关键词,对于细节性操作简要了解即可。需要注意的是,对于软件操作环境的设置可以根据个人习惯和具体应用环境。因此,对于 Photoshop 工作环境的设置需在今后的学习中不断回顾,方能真正驾驭 PS 软件。

(2)"界面"首选项

在 Photoshop 中,提供了外观、呈现、选项三个区域的界面设置功能,可以使用多种方式来定义自己的工作界面。

在"外观"设置中,可设置 PS 软件界面的整体颜色方案。同时,还提供了"标准屏幕模式""全屏(带菜单)""全屏""画板"四个选项区,主要是针对对话框、调板、菜单等功能调板的颜色和边界进行自定义设置。"外观"设置不影响 PS 的操作性能,可根据个人喜好进行自由设置。

用户界面字体大小:在"呈现"区中能够看到"用户界面字体大小"选项,它可以自定义界面的字体大小,从而适用于不同屏幕分辨率的用户界面。

UI 缩放:此选项主要解决新版本的 PS 不适用分辨率较低的显示器,以至于出现 PS 操作界面溢出屏幕或变形的问题。选择相应的 UI 缩放比例并配合"缩放 UI 以适应字体"选项,可解决上述问题。

动态颜色滑块:在"选项"区中能够看到"动态颜色滑块"选项,在"颜色"调板中不同的颜色模式会有不同的颜色条,选中此项后,当拖动滑块时,颜色条会动态地发生颜色变化。

用彩色显示通道:在"通道"调板中是否以彩色显示复合通道,在之后的章节中将会对通道功能进行详细学习。

显示菜单颜色:是否在菜单中显示为菜单项目添加的颜色。

(3)"工作区"首选项

在 Photoshop 中,可以为各类工作调板设置操作规范,以满足个人操作习惯。

自动折叠图标调板:在使用 PS 进行图片编辑时,图标调板区是我们不常使用、无须时刻打开的调板。如果启用"自动折叠图标调板"功能,就可以在我们临时使用完一个图标调板后,对这个调板进行自动折叠,方便操作。

自动显示隐藏调板:在 Photoshop 处于全屏模式时,勾选"自动显示隐藏调板"选项,当鼠标指针悬停于屏幕左右边缘时,将自动打开隐藏的"工具箱"和"调板";取消勾选"自动显示隐藏调板",当鼠标指针悬停于屏幕左右边缘时,将不会出现隐藏的"工具箱"和"调板"。

以选项卡方式打开文档:勾选该选项,则打开多张图像时,PS 会以选项卡方式排列图像。

启用浮动文档窗口停放:当打开多个图片以选项卡方式排列时,勾选该选项,则使用鼠标拖动某个选项卡时,即可变成浮动状态,也可以重新将其拖回变成选项卡状态。

大选项卡:可变更分页选项卡标签的大小。

根据操作系统设置对齐 UI:此选项适用于利用触摸屏进行 PS 操作,当我们在显示器上直接绘图时,使用此选项可防止弹出菜单之类的上下文 UI 元素显示在手的下方。此设置通过墨水和触笔系统首选项来控制,它仅在与触笔配对的设备上可用。

启用窄选项栏:可变更工具选项栏的大小,此设置需重启 PS 软件方能生效。

(4)"工具"首选项

PS 软件"工具"首选项可对工具箱及工具的应用操作进行设置,这里仅介绍几个常用的设置选项。

使用 Shift 键切换工具:PS 软件的大多数工具都是以工具组的形式出现的,每组工具都包含数个具体工具,需要利用鼠标在相应工具组上长按左键 1 秒左右方能显示全部工具。勾选此选项,可使用 Shift 键配合鼠标单击或相应工具的快捷键对相同组内的工具进行切换使用。

过界:控制是否允许使用抓手工具或鼠标滚轮滚动(平移视图)图像超出 PS 窗口的边界。过界情况在默认状态下是禁止的,也就是说,当图像完全显示在 PS 窗口中的时候,我们是无法使用抓手工具平移图像,或者使用鼠标滚轮滚动图像的位置的。

启用轻击平移:使用抓手工具时,单击同时挪动鼠标指针,则画面可以实现动画般的滑动。

根据 HDU 垂直移动来改变圆形画笔硬度：勾选该选项，则在使用画笔等工具时，按住 Alt 键不放，再按右键不放，上下移动鼠标指针可以改变画笔的硬度，此时在画面上会显示硬度参数变化。

使用箭头键旋转画笔笔尖：勾选该选项，按左右方向键可以控制笔刷的角度；按向左的方向键是逆时针旋转笔刷；按向右的方向键是顺时针旋转笔刷。

（5）"历史记录"首选项

随着 PS 版本的升级，以前 PS 的历史记录是不可以保存的，一旦关闭图像，与该图像相关的历史记录信息也就被清空了，现在我们可以设置首选项，将历史记录保存到图片中或者将历史记录单独保存成元数据或文本文件。

默认状态下，PS 不能保存历史记录，但是在首选项中如果勾选"历史记录"选项，此时，我们打开图像进行操作，历史记录不但出现在历史记录调板中，而且还可以在"文件 – 文件简介"中找到元数据。

（6）"文件处理"首选项

此项设置提供了 PS 软件在文件存储、文件兼容性以及云文档本地工作目录等方面的设置功能。下面对主要的文件存储功能设置进行详细介绍。

图像浏览：控制"存储为"命令对话框中的"缩览图"选项是否被激活。

存储至原始文件夹：如果我们从一个文件夹中打开一个文件，那么勾选"存储至原始文件夹"选项后，执行"存储为"命令时，该文件还会保存到默认的文件夹中。

文件扩展名：主要控制文件的扩展名是大写还是小写。此功能对于将图片用于 UNIX 等环境时尤为重要。

后台存储：勾选后，当保存大文档时，不影响 PS 前台操作，鼠标仍然可以活动，而如果不勾选"后台存储"，则在保存文档时，我们无法进行其他操作，只有等到保存完毕，方可使用鼠标进行操作。

自动存储恢复信息的间隔：勾选该选项时，可以激活 PS 自动保存功能，还可以指定下面间隔保存的时间。

（7）"导出"首选项

此功能提供了文件导出格式、导出位置等方面的设置。这里介绍部分难点选项。

快速导出色彩空间：勾选"转换为 SRGB"则快速导出的图片一律使用 SRGB 色彩空间，如不勾选"转换为 SRGB"，则快速导出的图片采用的色彩空间就是原来该图片的色彩空间。

（8）"性能"首选项

内存使用情况：Adobe 建议内存量至少是正在处理图像的 3～5 倍，这里 PS 提供了理想的内存使用范围。PS 所有的内存数量可在此首选项中进行设置。默认状态下，PS 建议使用系统可用内存的 55%～71% 为理想范围，可以通过在"让 Photoshop 使用"文本框中输入要分配给 PS 的内存量，也可以拖动滑块调整。

历史记录状态：可设定"历史记录"调板中历史记录的步数，PS 的默认值是 20 步，该数值越大，需要消耗的系统内存资源也越大。

图像高速缓存：PS 使用缓存的图像来加快屏幕刷新的速度。缓存的图像是原图像的低分辨率的复制版，它存储在 RAM 中，高速缓存级别为 1～8。当设定为 8 时，为最大缓存，提供最快的刷新时间。默认的缓存级别为 4，因为缓存的图像是存在 RAM 中，所以如果运行软件的内存较少，最好设定较小的缓存级别。

（9）"暂存盘"首选项

和虚拟内存相似，它们之间的区别在于——暂存盘完全受 PS 的控制而不是受操作系统的控制，另外，暂存盘至少要与可用的内存一样大。在有些情况下，更大的暂存盘是必须的，当 PS 用完内存时，会使用暂存盘作为虚拟内存；当 PS 处于非工作状态时，也会将内存中的所有内容复制到暂存盘上。

（10）"光标"首选项

此选项可设置诸如绘画类工具的光标样式。

（11）"透明与色域"首选项

此选项可设置图像透明区域的显示样式，同时也可以设置色域警告时的颜色与不透明度。

（12）"单位与标尺"首选项

在"单位"选项区中，"标尺"用于设置标尺的单位，也可以直接在标尺上右击，从弹出的快捷菜单中设置标尺单位。"文字"用于设置文字单位，默认是"点"。"新文档预设分辨率"用于指定打印和屏幕显示的图像的预设分辨率。"装订线"用于设置列和列之间的距离，也就是装订线的宽度范围。"点/派卡大小"主要用于设置派卡单位的大小，派卡（pica）是印刷行业使用的长度单位。但是派卡又有几个标准，例如，美式派卡、法式派卡、计算机派卡等。计算机派卡一般也就是 Postscript 输出打印和印刷用的派卡，即 1 派卡 = 1/6 英寸 = 12 点，一般选择第一个选项即可。

（13）"参考线、网格与切片"首选项

用于设置参考线、网格、切片、路径和控件的颜色及显示样式。

（14）"增效工具"首选项

增效工具也叫插件，英文一般用"Plug-ins"表示，在 PS 安装目录下有这个文件夹。"显示滤镜库所有组和名称"，勾选该选项，则滤镜库中的滤镜就会显示在下方的滤镜组中。"启用开发人员模式"，启用与增效工具开发相关的用户界面和功能，一般适用于软件编程人员。"启用生成器"，勾选该选项，则可以激活"文件"|"生成"|"图像资源"命令。"启用远程连接"，该选项可以让 PS 和某些增效插件进行连接使用。"允许扩展连接到 Internet"，允许安装的扩展连接到互联网，以获取最新的程序更新，有的扩展如果不允许连接到互联网，则无法在 PS 中使用。"载入扩展调板"，选择该选项，PS 方可载入安装的扩展，如果不勾选该选项，则"窗口"|"扩展"无法使用。

（15）"文字"首选项

"使用智能引号"，所谓的智能引号就是带卷曲的引号，非智能引号就是直引号。"启用丢失字形保护"，勾选该选项，如果输入文本时该字体无法输入某些文本，则这些文本可以自动替换成别的字体。"以英文显示字体名称"，中文字体也会显示为英文字母，如果不勾选该选项，则显示中文字体名称。"使用 Esc 键来提交文本"，选择该选项，则输入文本后，按 Esc 键就可以完成文本输入，如果不勾选该选项，则输入文本后按 Esc 键就是取消文本的输入。"启用文字图层替代字形"，确定是否显示文本备选列表。"使用占位符文本填充文字图层"，选择该选项后,使用文本工具单击或者拖动后,会自动显示填充的英文单词。"要显示的近期字体数量",确定在字体列表中要显示的最近使用过的字体数量,默认显示10个最近使用过的字体,最多设置100个字体。"选取文本引擎选项":指定处理不同语言文字所需要的规范。

1.4 Photoshop 基本操作

1.4.1 新建、打开与存储文件

1. 新建文件

选择"文件"|"新建"命令,打开"新建"对话框,如图 1-16 所示。在该对话框中可以创建指定的文件名、大小和不同背景颜色的新文件。此外,新建文件还可以利用快捷键 Ctrl + N 或 Ctrl + 双击操作界面的灰色区域来完成。

名称:为新建图像的文件命名。

文档类型:可以选择自定义方式或固定文件格式的预设样式来新建图像的宽度和高度。

宽度与高度:设置新建图像的宽度与高度值(此处要注意后面的单位)。

分辨率:设置新建图像的图像分辨率。

颜色模式:选择新建图像的颜色模式。(提示:如果所创建的图像用于网页显示,一般应选择 RGB 模式,分辨率选用 72 ppi 或 96 ppi;若用于实际印刷,颜色模式应采用 CMYK,分辨率则应视情况而定;书籍封面、招贴画要使用 300 ppi 左右的分辨率,而更高质量的纸张印刷可采用 350 ppi 以上的分辨率。)

背景内容:选择新建图像的背景色,有白色、透明色、背景色、透明和其他等选项。默认设置下,Photoshop 采用灰白相间的方格图案代表透明色。

颜色配置文件:选择新建图像的色彩配置方式。

像素长宽比:选择新建图像预览时像素的长宽比例。

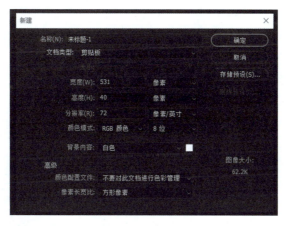

图 1-16 "新建"对话框

当对话框中的参数被修改后,"存储预设"按钮变得可用,单击该按钮可打开"新建文档预设"对话框,使用该对话框可指定预设名称,并选择需存储的参数内容。

2. 打开文件

启动 PS 后,选择"文件"|"打开"命令,弹出"打开"对话框,通过该对话框可以在计算机中查找并选择打开需要的图像文件。此外,还可执行快捷键 Ctrl + O 或双击操作界面的灰色区域完成图像的打开操作。

3. 存储文件

①存储:在对图像文件编辑完成或中途需要实时存储时,执行"文件"|"存储"命令。在第一次存储时,会弹出"存储为"对话框。如果对已存储过的文件执行"存储"命令,那么系统将会覆盖替换之前存储过的文件。"存储"命令的快捷键为 Ctrl + S。

②另存为:选择"文件"|"存储为"命令,打开"另存为"对话框,如图 1-17 所示。在左侧列表框中选择存储位置;在"文件名"文本框中可输入文件名称;在"保存类型"列表框中选择文件的类型;设置好后,单击"保存"按钮,即可完成另存为操作。"存储为"命令的快捷键为 Ctrl + Shift + S。

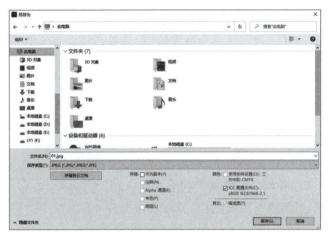

图 1-17 "另存为"对话框

作为副本:此选项可创建副本文件,并在新文件名后加上"副本"字样。

注释:可将注释信息与图像一起存储。

Alpha 通道:用于将 Alpha 通道的编辑数据与图像一起存储。

专色:可将专色通道的编辑数据与图像一起存储。

图层:存储后可保留图像中所有的图层。

在存储为不同格式的文件后还会弹出相应的对话框进行下一步设置,例如选择 JPEG 格式,单击"保存"按钮,则会弹出"JPEG 选项"对话框,如图 1-18 所示。

"图像选项":可以确定不同用途的图像的存储质量,可从"品质"下拉列表框中选择优化选项(低、中、高、最佳),也可拖动"品质"滑块,或输入数值进行设置。

"格式选项"栏有三个选项:如果选择"基线(标准)"选项,则大多数的网络浏览器都可识别;如果要优化色彩质

图 1-18 "JPEG 选项"对话框

量,就选择"基线已优化"选项,但不是所有的网络浏览器都能识别;如果需使用网络浏览器下载图像,则可选择"连续"选项,图像可边下载边显示。这种方式要求较多的内存,并不是所有的网络浏览器都支持。

③存储为 Web 和设备所用格式:Photoshop 提供了最佳处理网页图像文件的工具与方法。执行"文件"|"存储为 Web 和设备所用格式"命令,可弹出"存储为 Web 和设备所用格式"对话框,利用该对话框可完成 JPEG、GIF、PNG 和 WBMP 文件格式的最佳存储。此命令的快捷键为 Ctrl + Shift + Alt + S。

> **知识拓展专题** "存储"与"存储为"的区别
>
> (1)保存路径不同。存储是覆盖原有格式,保存当前格式。存储为是不修改之前原有的格式,然后另存为另一种格式。
> (2)快捷键不同。存储的快捷键为 Ctrl + S,存储为的快捷键为 Ctrl + Shift + S。

> **素质拓展专题** 通过对计算机软件存储功能的理解,我们应该如何认识我们的学习行为?
>
> 学习行为也称 learned behavior,是指动物在遗传因素的基础上,在环境因素作用下,通过生活经验和学习获得的行为。本能行为和学习行为不是毫无关联的,动物的许多行为都是先天的本能行为加上后天的学习行为共同作用的结果。
>
> 记忆是一种主要的学习行为,记忆是人脑对经验过事物的识记、保持、再现或再认,它是进行思维、想象等高级心理活动的基础。记忆作为一种基本的心理过程,是和其他心理活动密切联系着的。记忆联结着人的心理活动,是人们学习、工作和生活的基本机能。把抽象无序转变成形象有序的过程就是记忆的关键。
>
> 记忆的基本过程是由识记、保持、回忆和再认三个环节组成的。识记是记忆过程的开端,是对事物的识别和记住,并形成一定印象的过程。保持是对识记内容的一种强化过程,使之能更好地成为人的经验。回忆和再认是对过去经验的两种不同再现形式。记忆过程中的这三个环节是相互联系、相互制约的。识记是保持的前提,没有保持也就没有回忆和再认,而回忆和再认又是检验识记和保持效果好坏的指标。由此看来,记忆的这三个环节缺一不可。记忆的基本过程也可简单地分成"记"和"忆"的过程,"记"包括识记、保持,"忆"包括回忆和再认。
>
> 信息加工理论认为,记忆过程就是对输入信息的编码、存储和提取过程。只有经过编码的信息才能被记住,编码就是对已输入的信息进行加工、改造的过程,编码是整个记忆过程的关键阶段。关于记忆的研究属于心理学或脑部科学的范畴。现代人类对记忆的研究仍在继续,尽管当今的科学技术已经有了长足的发展。运用那些经过实践后能有效提高记忆力的方法、技巧,可以使之更好地服务于人类的工作、生活、学习中。
>
> 在信息的处理上,记忆是对输入信息的编码、存储和提取的过程,人的记忆能力从生理上讲是十分惊人的,它可以存储 10^{15} 比特(byte,字节)的信息,可是每个人的记忆宝库被挖掘的只占 10%,还有更多的记忆发挥空间。这是因为,有些人只关注了记忆的当时效果,却忽视了记忆中的更大的问题——记忆的牢固度问题,那就牵涉心理学中常说的关于记忆遗忘的规律。

1.4.2 图像的浏览

图像浏览包括缩放、位移、切换屏幕显示模式等,涉及的工具有缩放工具、抓手工具、"导航器"调板和切换屏幕显示模式按钮等。

1. 缩放工具

缩放工具用于缩放图像的显示尺寸,改变图像的显示比例。缩放工具选项栏如图 1-19 所示。

图 1-19 缩放工具选项栏

放大按钮:选中放大按钮,在图像窗口中单击,图像以一定比例放大。

缩小按钮:选中缩小按钮,在图像窗口中单击,图像以一定比例缩小。

调整窗口大小以满屏显示:如勾选该复选框,当使用单击的方法缩放图像时,图像窗口随图像的大小一起缩放。

缩放所有窗口:在打开多幅图像时,可使用该选项同时缩放所有图像。

细微缩放:开启该功能后,可利用鼠标的左右拖动完成缩放操作。(注:细微缩放功能与"首选项"|"性能"中的显示设置密切相关,同时,也与显卡的驱动和配置功能有关,若此选项无法点选,则需检查上述问题。)

100%:单击该按钮,以实际像素大小(100% 的比例)显示。

适合屏幕:单击该按钮,以打印尺寸大小显示。

填充屏幕:单击该按钮,以屏幕的最大比例显示全部内容。

提示:利用 Alt + 鼠标滑轮可快速完成对图像的缩放控制。

利用 Ctrl + " + / - "也可完成对图像的缩放控制。

> **素质拓展专题** 通过学习 PS 软件的缩放功能,我们可以细致地观察图像的细节。通过这个功能,同学们如何理解事物的现象与本质的关系?
>
> 本质与现象是揭示事物内部联系和外部表现相互关系的一对辩证法的基本范畴。本质是事物的内部联系,能够决定事物性质和发展趋向。现象是事物的外部联系,是本质在各方面的外部表现。本质和现象是对立统一关系。任何事物都有本质和现象两个方面。世界上不存在不表现为现象的本质,也没有离开本质而存在的现象。本质和现象是统一的,但两者又有差别和矛盾。本质从整体上规定事物的性质及其基本发展方向,现象从各个不同侧面表现本质;本质由事物内部矛盾构成,是比较单一、稳定、深刻的东西,靠思维才能把握;现象是丰富、多变、表面的东西,用感官即能感知。假象从否定方面表现事物的本质,给人一种与事物完全相反的印象,掩盖着本质。
>
> 基于对现象与本质的理解,马克思科学地揭示了资本运动的内在规律,揭示了资本运动隐藏在深层的内在的本质,经过多层次的外化,科学地说明资本运动的外部现象与内在本质的对立统一关系。如果说,《资本论》从第一卷到第三卷科学地揭示了资本运动的全过程,也就是以资本最深层的内在的本质的联系到资本的表面的现象的联系,因而是一个逐步外化的过程的话,那么,马克思对资本的研究方法就是从现象深入到本质,即从具体到抽象的过程,而《资本论》的叙述方法则是从资本的本质上揭示资本的表面现象,即从抽象到具体的过程,从而在本质上把握资本运动的形式。

2. 抓手工具

可以利用"抓手工具"完成图像在平面方向的位移观察。具体属性栏参数如下:

滚动所有窗口：当打开多幅图像时，勾选该复选框，可使用抓手工具拖动所有存在滚动条的图像。

其他参数与缩放工具的相同。

重要提示：①在工具箱上双击缩放工具，图像以"100%"方式显示；双击抓手工具，图像以"适合屏幕"方式显示；②在使用其他工具时，按住空格键不放，可临时切换到抓手工具；③使用放大工具在图像上拖动，框选局部图像，可使该部分图像放大到满窗口显示。

3. **"导航器"调板**

"导航器"调板（见图 1-20）各组成部分的作用如下：

图像预览区：图像预览区显示完整的图像预览图。

红色方框：红色方框内标示出当前图像窗口中显示的内容。当红色方框未包含全部内容时，可拖动红色方框查看图像的任何部分。

放大按钮：单击可将图像显示比例放大一级。

缩小按钮：单击可将图像显示比例缩小一级。

缩放滑块：可左右拖动此滑块完成图像显示比例的缩放。

图 1-20 "导航器"调板

图像比例显示框：在框内输入一定的百分比数值，按 Enter 键，可以精确改变图像的显示比例。

单击"导航器"调板右上角的调板设置按钮，选择"调板选项"命令，弹出"调板选项"对话框，此时可定义导航器显示框的颜色。

4. **切换屏幕显示模式按钮**

切换屏幕显示模式按钮用于切换图像的屏幕显示方式，有标准屏幕模式、最大化屏幕模式、全屏模式 3 种。

提示：切换屏幕显示模式是 PS 在实际操作过程中常用的命令，除利用工具箱最下端的屏幕显示模式按钮外，还可在英文输入法下利用 F 键进行屏幕显示模式快速切换。

5. **改变图像文件的大小**

在对图像素材进行处理、保存和复制过程中，有时需要修改图像的大小。选择"图像"|"图像大小"命令，弹出"图像大小"对话框，如图 1-21 所示。

在"图像大小"对话框中可以看到当前图像的质量、宽度、高度等信息。

在"尺寸"下拉列表中可以选择图像设置与显示的尺寸单位。

在"调整为"下拉列表中可选择一

图 1-21 "图像大小"对话框

些系统预设的高度、宽度及分辨率。根据不同用途的图片有不同的分辨率。

选择"重新采样"后,表明要改变图像像素的总数从而改变图像大小,因此"图像大小"对话框被打开后,系统会自动重组修改后的像素,也可通过下拉菜单选择图像像素的分布及大小。

选择"约束比例"(链锁按钮)后,可以锁定图像的比例,反之,则会自由改变。

> **知识拓展专题** 深入理解 PS 软件中的更改图像大小
>
> 像素大小:指的是位图图像在高度和宽度方向上的像素总量。文档大小:创建用于打印介质的图像时,图像的打印尺寸和图像分辨率共同决定了图像的文档大小。它们决定着图像中的像素总量,从而也就决定图像的文件大小。文档大小还决定图像置于软件内时的基本大小。
>
> 但是图像的最终打印尺寸受"打印预览"对话框中的命令的影响,而使用"打印预览"命令所做的更改只会影响打印后的图像,不会影响图像文件的文档大小。图像的分辨率指的是图像在打印或显示时每单位方向上的像素的数目,单位用像素/英寸表示,英文为 ppi。
>
> 打印时,高分辨率的图像比低分辨率的图像包含的像素更多,因此像素点更小。与低分辨率的图像相比,高分辨率的图像可以重现更多细节和更细微颜色过渡效果,因为高分辨率图像中的像素密度更高。视频文件的图像只能为 72 ppi 的分辨率。文件大小:图像的文件大小是图像文件的数字大小,以千字节(KB)、兆字节(MB)或千兆字节(GB)为度量单位。

1.4.3 颜色设定

Photoshop 的选色是改变像素颜色的前提,相当于为下一步编辑预备好颜色状态。方法包括工具箱底部的"拾色器"按钮、"颜色"调板、"色板"调板、吸管工具等。

1. "拾色器"按钮(见图 1-22)

"设置前景色"按钮:用于设置前景色的颜色。

"设置背景色"按钮:用于设置背景色的颜色。

"默认前景色和背景色"按钮:设置为系统默认的黑色与白色。

"切换前景色和背景色"按钮:单击该按钮,可切换前景色与背景色。

图 1-22 "拾色器"按钮

使用"拾色器"对话框设置前景色或背景色的一般方法如下:

①单击"设置前景色"或"设置背景色"按钮,弹出"拾色器"对话框。

②在色相条上单击或上下拖动白色的三角滑块,选择某种色相。

③在选色区某位置单击,确定最终要选取的颜色。

④单击"确定"按钮,颜色选择完毕,"设置前景色"或"设置背景色"按钮上显示出上述选取的颜色。

每种颜色都有一定的颜色值。借助"拾色器"对话框(见图 1-23)可使用以下方法之一精确选取某种颜色:

①在"拾色器"对话框右下角,分别有对应 RGB、CMYK、HSB、Lab 等不同的颜色模式的色彩数值。直接输入数值可完成颜色的设置。

图 1-23 "拾色器"对话框

②也可在下部"#"框中输入颜色的十六进制数值(注意,此时不要选择"只有 Web 颜色"复选框)完成直接选色。

注意:当"拾色器"对话框中出现"!"(溢色警告)图标时,表示当前选取的颜色无法正确打印。单击该图标,Photoshop 会用一种相近的、能够正常打印的颜色取代当前选色。

在"拾色器"对话框中,若勾选"只有 Web 颜色"复选框,选色区域被分割成很多区块,每个区块中任意点的颜色都是相同的,这时通过"拾色器"对话框仅能选取 216 种颜色,这些颜色都能在浏览器上正常显示,称为"网络安全色"。

2. "颜色"调板

执行"窗口"|"颜色"命令,可打开"颜色"调板,如图 1-24 所示。

左上角的两个色块表示前景色和背景色,滑动不同的滑块可以完成不同通道的颜色选取,从而混合成最终的颜色。单击右上方的调板属性按钮选择不同模式的颜色滑块与色谱。

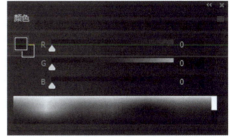

图 1-24 "颜色"调板

除利用不同模式的滑块或颜色值进行选色外,还可利用调板下部的颜色条直接选色,当指针移至颜色条时,会自动变成吸管从而直接选取颜色。

如果想要选取纯黑或纯白色,则可以直接单击颜色条右端的黑色或白色色块,完成选色。

3. "色板"调板

选择"窗口"|"色板"命令,可打开"色板"调板,如图 1-25 所示。

只要指针移动到色板上,就会变成吸管形状,单击色块就可以选取前景色,按住 Ctrl 键单击颜色就可以将其设置为背景色。

图 1-25 "色板"调板

同时，可以打开"色板"调板下部的预设颜色包，从不同类型的预设色板库中选择颜色。

单击"色板"调板右上方的调板设置按钮，可完成新建色板、对于色板浏览形式的调整、恢复默认色板、存储与载入色板以及选择系统提供或后期加载的系列色板等操作。

4. 吸管工具

吸管工具可从图像中取样来选择前景色或背景色。用此工具在图像上单击，工具箱中的前景色就会变为所选颜色。如果按住 Alt 键配合此工具在图像上单击，就会选取相应的背景色。

软件默认的是吸取单个像素点的颜色，但也可以利用吸管工具选项栏中的"取样大小"在相应的范围内取样，系统将会挑选以取样点为中心相应范围内颜色的平均值加以选取。

提示：按住 Alt 键，可在使用绘图工具时暂时切换到吸管工具，从而方便快捷地选取前景色。

1.4.4 Photoshop 的辅助功能

PS 的辅助功能包括：标尺、参考线、网格以及其他信息参照功能，如图 1-26 所示。

图 1-26　标尺、网格与参考线

1. 标尺

选择菜单中的"视图"|"标尺"命令，在图像窗口的左侧和上方会弹出标尺，再次执行此命令，可关闭标尺。显示与关闭标尺的快捷键为 Ctrl + R。执行"编辑"|"首选项"|"单位与标尺"命令可更换标尺单位，此外，直接在标尺上右击可快速更换标尺单位。

标尺原点的位置可以改变，作用是可以从图像的任意一点进行辅助性绘图与编辑。单击横竖标尺在最左上方的方形交汇处向画面中拖动，就可以将画面的任意一点作为标尺的原点。双击这个方形交汇处，则会恢复标尺原点位置。

2. 参考线

在图像窗口中，将鼠标指针放在标尺区域内，按住左键向画面中拖动，就会拉出参考线。如果要使参考线和标尺上的刻度准确对应，就在按住 Shift 键的同时拖动出参考线；如果想要改变参考线位置，则必须选择工具箱中的移动工具，对准参考线拖动；如果要改变参考线的方向，就按住 Alt 键单击，反之亦然。

双击参考线或在首选项中都可以对参考线颜色和样式进行编辑。

执行"视图"|"新建参考线"命令可以在精确的位置新建参考线。

执行"视图"|"锁定参考线"命令可以锁定参考线。

执行"视图"|"删除参考线"命令可以删除画面内所有的参考线。

提示：如果想单独删除某条参考线，可选择移动工具，拖动想要删除的参考线至图像窗口外释放即可。

3. 网格

选择"视图"|"显示"|"网格"命令，在当前图像窗口中就会显示出网格，再次执行该命

令,就会关闭网格。

执行"编辑"|"首选项"|"参考线、网格、切片和计数"命令,可弹出"首选项"对话框,在此处可对网格的颜色、样式、间隔以及子网格数进行编辑。

提示:①标尺、网格、参考线是 PS 中重要的辅助工具,除相关的测量、计数及精确分割外,一个更重要的功能就是对齐功能,启动与关闭对齐功能可执行"视图"|"对齐"或"对齐到"等相关子命令;②所有有关标尺、网格、参考线等辅助工具的设置都可以在 PS 首选项中加以实现;③显示/隐藏辅助工具的快捷键是 Ctrl + H。

4. 信息查看与颜色取样器

(1)"信息"调板

选择菜单栏中的"窗口"|"信息"或在调板区中都可以打开"信息"调板,在该调板中可以实时移动鼠标位置查看当前像素点的位置和颜色信息。如果选择了不同的工具,还可通过"信息"调板得到大小、距离和旋转角度等其他相应信息。

单击"信息"调板右上角的调板菜单按钮,选择"调板选项",可调出"信息调板选项"对话框。在此对话框中可以设定第一和第二颜色信息、指针坐标的标尺显示单位,还可以选择显示多种图像状态信息,为工作实时提供直观的信息。

(2)颜色取样器工具

使用颜色取样器工具最多可同时取样多个像素点。取样的目的是测量图像中不同位置的颜色值,方便图像色彩调节。

颜色取样后,在"信息"调板下半部可以看到多个取样点的颜色数值。在"信息"调板右上角的弹出菜单中选择"颜色取样器"命令,使前面的"√"消失,可暂时隐藏取样点,如再次选择此命令,又可将取样点显示出来。

1.4.5 操作的撤销与恢复

撤销与恢复操作的方法有两种:使用恢复命令和"历史记录"调板。

1. 恢复命令

PS 中的大多数误操作都可以还原,也就是说,可将图像的全部或部分内容恢复到上次存储的版本。

(1)恢复:执行"文件"|"恢复"命令,能够将被编辑过的图像一次性恢复到上一次存储的状态。

(2)还原/重做(快捷键:Ctrl + Z):执行"编辑"|"还原"命令,可还原到上一次操作之前的状态。执行"编辑"|"重做"命令,又会重新执行上一次的操作。因此,可以简单理解为"还原/重做"命令只是针对上一步的前进与后退。

(3)前进一步/后退一步(快捷键:Ctrl + Shift/Alt + Z):执行"编辑"|"前进一步/后退一步"命令可完成恢复与前进的操作。此命令与"还原/重做"命令不同的是它是针对多个连续步骤前进或后退,即可将文件还原成处理前或处理后的数个状态,前进或后退的步数与"历史记录"调板中记录的步数相同。

2. "历史记录"调板

"历史记录"调板是用来记录操作步骤的,如果内存允许,"历史记录"调板会记录所有操作步骤,以便随时前进或后退。此外,配合历史画笔工具和艺术历史画笔工具,还可以将不同步骤所创建的效果结合起来。选择"窗口"|"历史记录"或选择右侧调板区内的"历史记录"调板,都可以打开"历史记录"调板,如图 1-27 所示。

图 1-27 "历史记录"调板

在历史记录状态区有之前操作的步骤列表。当执行不同的步骤后,在该调板中会记录下来,用户可以用单击任何一条记录,滑块就会出现在选中的记录前面,图像就会变为与记录对应的状态,其下面不显示的记录就会变成灰色,名称变成斜体字。

① 删除:选择某一条操作记录,单击"删除当前状态"按钮,在弹出的警告框中单击"是"按钮,默认设置下将撤销并删除该项记录及其后面的所有操作记录。

重要提示:单击"历史记录"调板右上角的"调板菜单"按钮,在弹出的调板菜单中选择"历史记录选项",打开"历史记录选项"对话框,勾选"允许非线性历史记录"复选框,单击"确定"按钮。进行上述设置后,可单独删除"历史记录"调板中某一条记录,而不影响后面的操作。

② 快照:快照功能可将某个特定历史记录状态下的图像内容暂时存放于内存中。即使相关操作由于被撤销、删除或其他原因已经不存在了,"快照"依旧存在。因此,使用"快照"能够有效地恢复图像。

单击"历史记录"调板右下角的"创建新快照"按钮,可为当前历史记录状态下的图像内容创建快照。"删除当前状态"按钮也可用于删除快照。

提示:单击"历史记录"调板右下角的"从当前状态创建新文档"按钮,可从当前历史状态或快照创建新图像。

③ 清理:为了执行各项恢复命令,Photoshop 必须记忆图像的各个状态,因此会占用大量内存。如果确定不需要执行任何图像的恢复动作,可执行"编辑"|"清理"命令,来消除还原命令、剪贴板、历史记录所占用的内存,从而降低计算机的负荷,提高处理速度。

④ 使用"历史记录"调板应注意的事项。

- 软件范围内的修改(如对调板、颜色设置、首选项的更改)不是具体对某个图像的操作,因此不被"历史记录"调板记录。

- 默认情况下，"历史记录"调板将列出最近的固定步操作状态。更早的记录被自动删除，以便为 PS 释放更多内存，若要保留某个特定状态,可创建该状态快照。
- 当关闭重新打开文件后，上次记录的所有状态和快照都将从该调板中清除。
- 默认情况下,选择一条记录并更改图像将清除其后的所有记录。

1.4.6 图像的剪切

在实际工作中经常会对图像进行裁剪与裁切，可以使用图像裁剪工具，或通过"图像"|"裁剪"及"图像"|"裁切"命令来实现。

1. 裁剪工具的使用

（1）普通裁剪

在工具箱中选择裁剪工具，在图像上拖动，可形成有 8 个把手的裁剪框。当指针放置在裁剪框的把手上时，会变成缩放或旋转符号，按住鼠标拖动可改变裁剪框的大小和位置。

当使用裁剪工具画完裁剪以后，其选项栏变为图 1-28 所示。

图 1-28 裁剪工具选项栏

在"裁剪区域"后面有一个选项，如果选择"删除裁剪的像素"，执行裁剪命令后，裁剪框以外的部分被删除；如果不选此选项，裁剪框以外的部分被隐藏，使用抓手工具可以把隐藏的部分移动出来。

如果"裁剪区域"后面的两个选项不可选，说明当前的图像只有一个背景层，可在"图层"调板中将背景层转为普通层。

当鼠标拖动形成裁剪框后，裁剪框以外的图像内容被部分透明的黑色遮盖起来，可以单击"颜色"后面的色块改变颜色。在"不透明度"数据框中输入百分比数字定义不透明度。

选中"透视"选项后，裁剪框的每个把手都可以任意移动，可以使正常的图像具有透视效果。建立了透视裁剪框后，按住 Alt 键拖动裁剪框把手，或直接拖动裁剪框中心点，可在保留透视的同时扩展裁剪边界。

（2）精确裁剪

单击裁剪工具，就会出现裁剪工具的选项栏，如图 1-29 所示

图 1-29 裁剪工具选项栏

在选项栏中分别输入"宽度"和"高度"值，并输入所需的"分辨率"。不管画出的裁剪框有多大，当确认后，最终的图像大小都与选项栏中所定的尺寸及分辨率完全一样。

如果想知道当前图像的大小及分辨率，可单击"前面的图像"按钮，数据框中就会显示当前图像的大小及分辨率。单击"清除"按钮，就可以将数据框中的数字清除掉。

当想使 A 图像裁剪后和 B 图像具有相同的大小和分辨率时，可先选中 B 图像，单击"前面的图像"按钮，B 图像的宽度、高度和分辨率就显示在裁剪工具选项栏中，接着使用裁剪工

具在 A 图像上拖动形成裁剪框,确认后的 A 图像与 B 图像的大小和分辨率将完全相同。

提示:①当确认裁剪范围时,需要在裁剪框中双击或按 Enter 键,若要取消裁剪框,按 Esc 键即可,也可以单击裁剪工具选项栏中的"取消"或"提交"按钮;②确保图像设置为 8 位/通道。"透视"选项无法处理 16 位/通道图像。

2. 裁剪和裁切命令

(1)"裁剪"命令

使用"裁剪"命令前,将要保留的图像部分用选框工具选中,然后选择"图像"|"裁剪"进行裁剪。裁剪的结果只能是矩形区域,如果选中的图像部分是圆形或其他不规则形状,执行"裁剪"命令后,会根据相关形状自动创建矩形图像。执行"裁剪"命令后,原来的浮动选框依然存在。

(2)"裁切"命令

使用"裁切"命令无须预先创建选区,选择"图像"|"裁切"命令,将弹出"裁切"对话框,如图 1-30 所示。

在"基于"栏中,可选择不同的选项裁剪图像。

透明像素:当图层中有透明区域时,此选项才有效,可裁切掉图像边缘的透明区域,留下包含像素的最小图像。

"左上角像素颜色"和"右下角像素颜色"两个选项对于切除图像的杂边很有效,可根据图像边缘的像素裁切图像。

在"裁切"复选栏中有顶、底、左、右四个选项,如果四个选项都被选中,图像四周的像素都将被裁切掉。同时,根据需要也可以选择裁切掉一边、两边或三边的图像区域。

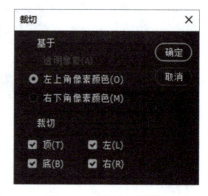

图 1-30 "裁切"对话框

1.4.7 图像的变换

利用"变换"和"自由变换"命令可以对整个图层、图层中选区内的像素、多个图层、图层蒙版、路径、矢量图形、选择范围、Alpha 通道进行位移、缩放、斜切、透视等操作。

在执行变换的过程中,会涉及像素的增加或减少,像素值的运算原则是由"编辑"|"首选项"|"常规"命令对话框中的"插值运算"方式决定的。默认的情况是选择"二次立方"选项,虽然运算的速度慢一些,但可以产生较好的效果。

提示:不能对一个 16 位/通道的图像执行"变换"命令,但是可以通过"图像"|"旋转画布"命令达到旋转图像的目的。

1. 确定变换对象

针对不同的操作对象执行"变换"命令,需要进行相应的选择。

①如果是针对整个图层,在"图层"调板中选中此图层,无须再做其他选择(对于背景层,不可以执行"变换"命令,需转换为普通图层)。

②如果是针对图层中的部分区域,在"图层"调板中选中此图层,然后用选框工具选中要变换的区域。

③如果是针对多个图层,在"图层"调板中同时选中这些图层或将这些图层链接。

④如果是针对图层蒙版或矢量蒙版,在"图层"调板中将蒙版和图层之间的链接取消。

⑤如果是针对路径或矢量图层,使用路径选择工具选中路径或直接选择工具选中路径片段。如果只选择了路径上的一个或几个把手,则只有和选中把手相连的路径片段被变换。

⑥如果是针对 Alpha 通道进行变换,在"通道"调板中选中相应的 Alpha 通道。

2. 设定变换的参考点

所有的变换操作都是以一个固定点为参考的。根据预设情况,这个参考点是选择物体的中心点。

在执行"变换"或"自由变换"操作后,所选物象周围会出现控制框,此时选项栏如图 1-31 所示。

图 1-31 "变换"选项栏

在选项栏中,单击参考点图标上的不同点来改变参考点的位置,也可以在后面的参考点数值框中输入相应的坐标值来确定参考点。

在选项栏末端,有一个"在自由变换与变形模式之间切换"按钮,用于切换变换操作与变形操作。

3. 变换操作

对确认的变换对象执行"编辑"|"变换"命令,可在下拉菜单中选择相应的变换操作。

在实际操作过程中,可在执行"缩放"变换命令后,直接选择"扭曲"变换命令或其他任何一个变换命令,不用确认后再选择其他变换命令。

如果对一个图形或整个路径执行变换操作,"变换"命令就变成"变换路径"命令;如果变换多个路径片段,"变换"命令就变成"变换点"命令。

如果执行"缩放"命令,此时在被选择对象的周围会出现控制框,将指针放在把手上拖动,就会实现缩放编辑,如想等比例缩放,则需按住 Shift 键拖动以保证缩放比例。如果执行"旋转"命令,此时按住 Shift 键拖动把手进行旋转,则会出现 15°范围的固定角度旋转。

完成变换操作后,需按 Enter 键确认,若要取消操作则按 Esc 键。也可以单击选项栏末端的"进行变换"或"取消变换"按钮。

选择"编辑"|"变换"|"再次"命令可以重复执行上一次操作。

选择"编辑"|"自由变换"命令可以一次完成"变换"子菜单中所有的操作,而不用多次选择不同的命令,但需要一些快捷键配合进行操作。其快捷键为 Ctrl + T。

①拖动矩形框上任何一个把手进行缩放,按住 Shift 键可等比例缩放。按数字进行缩放,可锁定固定比例进行缩放,W 和 H 之间的链接符号表示锁定比例。

②将指针移动到矩形框上的角把手和边把手处拖动时按住 Shift 键,以保证旋转以 15°递增。在角度数值后输入数字可确保旋转的精确角度。

③按住 Ctrl + Alt 键时,拖动把手可对图像进行轴对称扭曲操作,按住 Ctrl 键可对图像进行扭曲操作。

④按住 Ctrl + Shift 键时拖动边框把手可以对图像进行斜切操作。可在选项栏中最右边的

两组数据框中设定水平和垂直斜切的角度。

⑤按住 Ctrl + Alt + Shift 键时拖动角把手可对图像进行面透视操作。

4. 变形操作

对于图层中的图像或路径可以通过"变形"命令进行不同形状的变形,如波浪、弧形等。可以对整个图层进行变形,也可以是只对选区内的内容或路径进行变形。

执行"变形"命令的步骤如下所述:

①对所选对象执行"编辑"|"变换"|"变形"命令,在对象上会出现"九宫格"形状。

②使用鼠标拖动"九宫格"中的任意位置,同时还可以调节节点与把柄进行变形控制。

③取消与确认操作分别为按 Esc 键和 Enter 键,或单击选项栏中的"取消变换"或"进行变换"按钮。

④若是在变形的工具选项栏中单击"变形"选项,可弹出下拉菜单,在下拉选项中可以选择规则变形的种类,通过拖动控制点及改变数值可对变形做相应的控制。

Photoshop 提供了 15 种变形样式,"更改变形方向"选项用来设定变形的方向;"弯曲"数值用来设定变形弯曲的程度;"设置水平扭曲"用来设定在水平方向产生扭曲的程度;"设置垂直扭曲"用来设定在垂直方向产生扭曲的程度。

"变形"选项栏如图 1-32 所示。

图 1-32 "变形"选项栏

1.4.8 图像的批处理

1."动作"调板

有些情况下,需要对多个图像进行相同的处理,PS 通过"动作"调板提供了批处理功能。在操作图像的过程中可以将每一步执行的命令都记录在"动作"调板中,在以后的操作中,只需单击"播放"按钮,就可以对其他文件或文件夹中的所有图像执行相同的操作。在 PS 中,由若干命令组成的这样一个操作,被称为一个"动作"。

图 1-33 "动作"调板

"动作"可以包含"暂停",这样可以执行无法记录的任务(如使用绘画工具)。"动作"也可以包含对话框,从而可在播放"动作"时在对话框中输入数值。

选择"窗口"|"动作"命令,会弹出"动作"调板,如图 1-33 所示。

PS 的"动作"调板中带有一些"默认动作"。下面以这些动作为例来介绍"动作"调板的组成。

"默认动作"是一个动作"组",其中包含着很多"动作",若干个命令组成一个"动作"。例如,可以执行一系列的滤镜命令来生成特殊的效果,这一系列的滤镜命令就可组成一个

"动作";若干个动作可组成一个动作"组",动作组的目的是方便用户更好地管理不同的动作。

例如,单击名称为"装饰图案(选区)"的动作前面向右的小三角,将其记录的命令显示出来,第一个命令是"建立快照",该命令前面也有一个向右的三角形,说明有一些关于此命令的具体设定信息。第二个命令是"羽化",单击"羽化"前面的小三角,可得到相关"羽化"命令详细的设定情况。

在"动作"调板的最左侧,有一栏方框,在方框中有√状图标,表示此命令是打开的,也就是可执行的命令。单击√图标,图标消失,表明其所对应的命令暂时关闭,是不可执行的。当某一动作中有关掉的命令时,此动作及动作所在的动作组前的√图标呈红色。

√图标右侧的"切换对话开/关"图标用来切换对话开关。如果有此图标出现,当动作进行到此命令时,会弹出对话框,可进行相应的数据设定。如果不需要变更对话框中的数据,可单击此图标,使之消失。同样的道理,当动作中有关掉的对话框时,此动作前面的图标也呈红色。在"动作"调板的最下方是一排小图标,这些图标从左到右分别表示:停止播放/记录、开始记录、播放当前选中的命令、创建动作组、创建新建动作和删除动作。

2. 创建并使用动作

①打开一幅图像。

②在"动作"调板右上角的弹出菜单中选择"新建组"命令,或单击调板下方的"创建新组"图标,在弹出的"新建组"对话框中单击"确定"按钮,生成新的动作组。

③在"动作"调板右上角的弹出菜单中选择"新建动作"命令,或单击调板下方的"创建新动作"图标,弹出"新建动作"对话框,如图 1-34 所示。

图 1-34　创建新组与"新建动作"对话框

在对话框中输入动作的名称,在"功能键"后方选择一个功能键,或功能键 + Shift 键或 Ctrl 键,在"颜色"后面弹出的列表中可为新定义的动作选择一个显示颜色。

④单击"新建动作"对话框右上角的"记录"按钮,就会回到"动作"调板状态,并且调板中圆形的记录按钮呈红色。此时当选择各种命令进行操作时,就会被记录在"动作"调板中。

例如,依次对图像执行如下操作:

- 选择矩形选框工具,在图像中拖动出矩形选区。
- 执行"选择"|"羽化"命令,在弹出对话框中将羽化数值设定为 10 像素。
- 执行"选择"|"反选"命令,选中之前选择区域以外的区域。

- 按Delete键将周边区域的像素删除。
- 取消选区。

在"动作"调板中单击"停止播放/记录"图标后,"动作"调板中记录了以上所有的操作。

打开另一张图像,在"动作"调板中选中之前记录的动作,然后单击"播放选定的动作"按钮,会得到与之前操作相同的效果。

⑤在记录操作命令的过程中,有些操作是无法记录下来的。例如,画笔工具在画面上的绘制,海绵工具以及模糊、锐化工具的使用,一些工具选项的设置,还有一些预置的设定等。此时需要通过执行"动作"调板右上角弹出菜单中的"插入菜单项目"命令来实现。

⑥如果希望单击"播放选定的动作"后,在某个命令处暂时停止操作,可首先选择此命令,然后选择"动作"调板右上角弹出菜单中的"插入停止"命令。这样,在弹出的"记录停止"对话框中输入信息文字即可。如果在图示信息后要继续下一步操作,在此处选中"允许继续"即可。

⑦如果要对图像文件执行整个动作,则选中"动作"调板中该动作的名称,单击"动作"调板中的"播放选定的动作"即可。如果执行某个动作的一部分,选中这些命令后,单击"播放选定的动作"即可。

提示:因为一个"动作"是由一系列的命令组成的,所以执行完动作后不能"还原",只能恢复动作中最后一个命令。

⑧在PS中,可以控制动作执行的速度。在"动作"调板右上角的弹出菜单中选择"回放选项"命令,可弹出"回放选项"对话框。这里可以设定动作执行的速度,选择"为语音注释而暂停"选项可确保动作中的每个语音注释播放完后,再开始动作中的下一步。如果要在语音注释正在播放时继续动作,则取消该选项。

3. 批处理命令

在"动作"调板中记录的动作可对大量需要同样操作的文件进行批处理,方法如下:
选择"文件"|"自动"|"批处理"命令,弹出"批处理"对话框,如图 1-35 所示。

图 1-35 "批处理"对话框

在"播放"一栏中选择不同的"组"和"动作"。

"源"弹出的下拉列表中有四个选项：文件夹、输入、打开的文件、文件浏览器。

如果要对文件夹中的所有图像进行批处理，就选择"文件夹"选项，然后单击"选择"按钮，就会弹出对话框，在此选择存放图像的文件夹，设置完成后单击"确定"按钮，完成存放图像设置。

在"选择"按钮下面有四个选项：

覆盖动作中的"打开"命令：在"动作"调板中定义的动作可能有"打开"之类的命令，如果要跳过它们，就选中"批处理"对话框中的此选项。

包含所有子文件夹：如果要对文件夹中的子文件夹执行同样的操作，就选中此选项。

禁止显示文件打开选项对话框：隐藏"文件打开选项"对话框。

禁止颜色配置文件警告：关闭颜色信息的显示。

如果选择"源"弹出列表中的"输入"选项，可在"自"后面选择相应的文件夹来源。

"目标"弹出列表中有三个选项，选择"无"选项，会在执行完动作后保持文件的开启状态；选择"存储并关闭"选项，会在执行完动作后将文件存储并关闭；如果要将修改后的图像文件存到另一个文件夹中，并使原图像不受影响，可选择"文件夹"选项后进行相关设置。

在"动作"调板中定义的动作可能有"存储为"之类的命令，如果要跳过它们，就选中"批处理"对话框中的"覆盖动作中的'存储为'命令"选项。

如果选了"文件夹"选项，可在"文件命名"栏中选择重新命名的规则，并可选择名称的兼容性。

从"错误"弹出列表中选择处理错误的选项。

选择"将错误记录到文件"选项可将每个错误记录到文件并继续处理。如果有错误记录到文件，在处理完毕后将显示一条信息。若要查看错误文件，应单击"存储为"按钮，并为错误文件命名。

当所有的选项都定义好后，单击"确定"按钮，软件会自动弹出图像文件进行操作，而无须事先打开文件。如果由于图像格式或其他项目不同，执行的动作不能完成，软件会弹出提示框，提示不能完成。

如果要改变某个数据设定，可双击此命令或在右上角的弹出菜单中选择"再次记录"命令，在弹出的对话框中重新输入数据即可。此外，在右上角弹出菜单中还有一些命令：清除动作、复位动作、载入动作、替换动作、存储动作。

4. 创建快捷批处理

快捷批处理是一个小的应用程序，在创建快捷批处理前必须在"动作"调板中创建所需的动作。

①选择"文件"｜"自动"｜"创建快捷批处理"命令，会弹出相关对话框。

②单击对话框"将快捷批处理存储于"栏中的"选取"按钮，选择存储快捷批处理的位置，并给存储的快捷批处理命名，然后单击"存储"按钮。

③在"播放"栏中选择"快捷批处理"中包含的动作，并在"目标"栏中选择图像处理后存储的方式，所有这些设定都和之前的内容相同，当所有的选项都设定好后，单击"确定"按钮。

在存放快捷批处理的位置可以看到相关快捷批处理的特殊文件图标（带有 PS 标示的向下箭头），将图像或文件夹拖放到此图标上就可以完成其中包含的动作。

> **素质拓展专题** 通过 PS 软件基础知识的学习，结合实际，思考什么是社会的经济基础？
>
> 　　软件学习的基础是指针对整体软件环境的认识和支撑整个软件操作的重要组成部分，基础对于深入学习具有重要作用，软件基础尚且如此，那么我们的社会运行的基础是什么呢？
>
> 　　经济基础是指由社会一定发展阶段的生产力所决定的生产关系的总和。其中，决定这个社会性质的是占统治地位的生产关系。生产力是与生产关系相对应的概念。生产力决定生产关系，生产关系反作用于生产力，两者之间的关系构成生产关系一定要适应生产力的发展的规律。经济基础是与上层建筑相对应的概念，经济基础决定上层建筑，上层建筑反作用于经济基础，两者之间的关系构成上层建筑一定要适应经济基础状况的规律。经济基础和上层建筑是社会结构两个基本层次之一、社会生活两个基本领域之一。

1.5　案　例　专　题

五角星编辑存储训练

1. 项目要求

①将红色五角星放置在一个裁剪空间为 20 cm×20 cm、200 ppi 的空间内；利用标尺和自由变换使五角星正放，存储为背景为黄色、品质 9 的 JPEG 图像（文件名称为：红五角星）。

②将金色五角星放置在一个裁剪空间为正方形的任意尺寸空间内，要求构图合理；调整图像大小为 500 像素×500 像素、300 ppi；利用标尺和自由变换使五角星倒放，存储为背景为纯黑色、最高品质的 JPEG 图像（文件名称为：金五角星）。

③将红白相间五角星分别存储为：10 cm×10 cm，72 ppi；15 cm×15 cm，72 ppi；20 cm×20 cm，72 ppi；三张 PNG 无压缩图像。要求每张 PNG 图像均为正放（文件名称分别为：红白 1、红白 2、红白 3）。

④将原始 png 图片图像大小长宽等比例减少一半，分辨率更改为 100 ppi；画布向右延伸 10 cm，向左延伸 3 cm，上下各缩减 1 cm；图像逆时针旋转 90°；画布存储为背景白色的品质 5 的 JPEG 图像（文件名称为：三星）。

⑤6 个图片文件要求统一放置在一个以"姓名-五角星训练"为名称的文件夹内上交。

2. 项目分析

此项目的训练目的是掌握 PS 软件图像的打开、新建、存储与存储为、裁剪、自由变换、调整图像大小、调整画布大小等基础操作，项目涉及诸多基础操作的综合运用。

3. 项目制作

①打开素材文件：五角星编辑存储训练 .png，如图 1-36 所示。

图 1-36　"五角星编辑存储训练"素材文件

> **知识拓展专题** 打开文件的4种方法
>
> 通常情况下，打开图像文件有4种方法可供选择：①选择"文件"|"打开"命令，在"打开"对话框中选择需要打开的图像文件；②按 Ctrl + O 键，在"打开"对话框中选择需要打开的图像文件；③双击操作界面的灰色区域，在"打开"对话框中选择需要打开的图像文件；④最小化 PS 软件，在系统中选择需要打开的图像，拖动至 PS 软件的灰色区域，使用此方法时须注意是否将图像拖动至已有的文件窗口中，或将其在 PS 软件中独立打开。

②选择"裁剪工具"，设置上方属性栏裁剪属性为"宽×高×分辨率"，三个尺寸栏分别设置为：20 cm、20 cm、200 ppi。具体属性设置如图 1-37 所示，对齐红色五角星的位置后，按 Enter 键确认。

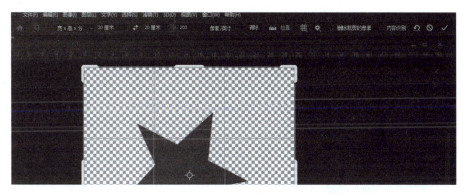

图 1-37　裁剪属性设置

③切回移动工具，在标尺上拖动出一根垂直的参考线（如标尺被隐藏，可按 Ctrl + R 键显示标尺），将参考线放置在图像中央（放置过程中感受参考线在中央位置时的吸附感）。选择红色五角星，按 Ctrl + T 键，将鼠标指针移至四个角的外围，拖动旋转五角星，使其正放，检查无误后按 Enter 键确认，如图 1-38 所示。

④单击工具箱下方的"前景色"按钮，打开"拾色器"对话框，将前景色设置为"黄色"。按 Ctrl + Shift + S 键，打开"存储为"对话框，选择存储位置为"桌面"，更改文件名为"红五角星"，选择保存类型为"JPEG"，单击"保存"按钮。在弹出的"JPEG 选项"对话框中将"杂边"设置为"前景色"，"品质"设置为"9"，如图 1-39 所示，单击"确定"按钮。

⑤连续按 Ctrl + Z 键（或 Ctrl + Alt + Z 键）返回图像最初状态。选择"裁剪工具"，设置上方属性栏裁剪属性为：1：1（方形），具体属性设置如图 1-40 所示，对齐金色五角星的位置后，按 Enter 键确认。

图 1-38　正放五角星

⑥选择"图像"|"图像大小"命令，在"图像大小"对话框中，设置宽度和高度均为 500 像素，分辨率为 300 ppi，如图 1-41 所示，单击"确定"按钮。

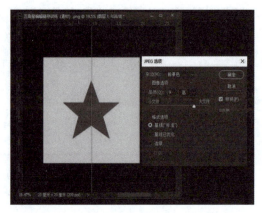

图 1-39 "JPEG 选项"对话框

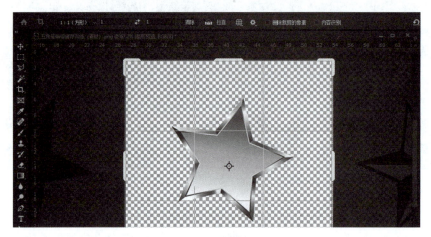

图 1-40 属性设置

图 1-41 "图像大小"对话框

⑦切回移动工具,利用与步骤③相同的方法,将金色五角星倒放。

⑧按 Ctrl + Shift + S 键,打开"另存为"对话框,选择存储位置为"桌面",更改文件名为"金五角星",选择保存类型为"JPEG",单击"保存"按钮。在弹出的"JPEG 选项"对话框中将"杂边"设置为"黑色","品质"设置为"最佳",如图 1-42 所示,单击"确定"按钮。

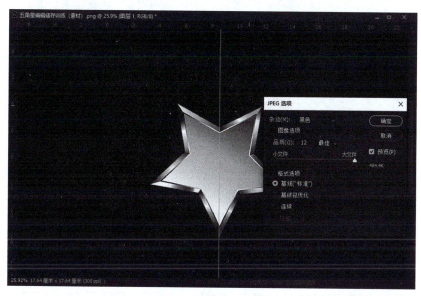

图 1-42　设置 JPEG 选项

⑨连续按 Ctrl + Z 键(或 Ctrl + Alt + Z 键)返回图像最初状态。

⑩利用"裁剪工具"及其属性栏的设置、"自由变换"命令、"存储为"命令等相同方法,分别将红白相间五角星存储为项目要求的三个 PNG 格式的图片。方法与上述相同。

> **素质拓展专题** 通过前面几项操作的学习,可以推导出步骤⑩的相似做法,这就是"举一反三"的道理。
>
> 　　矛盾的普遍性和特殊性的关系,也就是矛盾的共性和个性、一般和个别的关系。
> 　　矛盾的普遍性和特殊性相互联结。一方面,普遍性寓于特殊性之中,并通过特殊性表现出来,没有特殊性就没有普遍性;另一方面,特殊性离不开普遍性,世界上的事物无论怎样特殊,它总是和同类事物中的其他事物有共同之处,不包含普遍性的事物是没有的。由于事物范围的极其广大和发展的无限性,在一定场合为普遍性的东西,在另一场合则是特殊性;反之,在一定场合是特殊性的东西,在另一场合则是普遍性。矛盾的普遍性和特殊性辩证关系的原理要求我们要在矛盾普遍性原理的指导下,具体分析矛盾的特殊性,不断实现矛盾的普遍性与特殊性、共性和个性的具体的历史的统一。

⑪连续按 Ctrl + Z 键(或 Ctrl + Alt + Z 键)返回图像最初状态。执行"图像"|"图像大小"命令,在"图像大小"对话框中设置宽度为 40 cm,高度为 15 cm(分别为原尺寸的一半),分辨率为 100 ppi,如图 1-43 所示,单击"确定"按钮。

图 1-43　设置图像大小

⑫执行"图像"|"画布大小"命令,在"画布大小"对话框中单击"左箭头",使其向右延伸,设置宽度为 50 cm,单击"确定"按钮。再次执行"图像"|"画布大小"命令,在"画布大小"对话框中单击"右箭头",使其向左延伸,设置宽度 53 cm,单击"确定"按钮。再次执行"图像"|"画布大小"命令,将高度设置为 13 cm(上下各缩减 1 cm),单击"确定"按钮。三次画布大小的调整如图 1-44 所示。

图 1-44　三次画布大小的调整

⑬执行"图像"|"图像旋转"|"逆时针旋转 90°"命令。按 Ctrl + Shift + S 键,打开"存储为"对话框,选择存储位置为"桌面",更改文件名为"三星",选择保存类型为"JPEG",单击"保存"按钮。在弹出的"JPEG 选项"对话框中将"杂边"设置为"白色","品质"设置为"5",单击"确定"按钮。

⑭最后,将桌面中生成的 6 个图片文件按要求打包存储,完成项目上传。

> **素质拓展专题**　通过五角星的编辑与存储训练,我们掌握了一些 PS 的基础操作技法。 提到五角星,我们祖国国旗和国徽上也有金色的五角星,大家知道它们分别象征着什么吗?
>
> 　　中华人民共和国国旗是五星红旗,为中华人民共和国的象征和标志。中华人民共和国国旗的设计者是曾联松,旗面为红色,长方形,其长与高之比为三比二,旗面左上方缀黄色五角星五颗。一星较大,其外接圆直径为旗高十分之三,居左;四星较小,其外接圆直径为旗高十分之一,环拱于大星之右。

中华人民共和国于1949年7月14日至8月15日开始征集国旗图案。1949年8月20日，国旗国徽评选委员会共收到了近3 000幅国旗图案。1949年9月27日，全国政协第一届全体会议代表通过了以五星红旗为国旗的议案。1949年10月1日，第一面中华人民共和国国旗由毛泽东主席在天安门广场首次升起。

　　中华人民共和国国旗的红色象征革命。旗上的五颗五角星及其相互关系象征中国共产党领导下的革命人民大团结。五角星用黄色是为了在红底上显出光明，四颗小五角星各有一尖正对着大五角星的中心点，表示围绕着一个中心而团结。

　　中华人民共和国国徽是中华人民共和国主权的象征和标志。

　　中华人民共和国国徽中间是五星照耀下的天安门，周围是谷穗和齿轮，象征中国人民自"五四"运动以来的新民主主义革命斗争和工人阶级领导的以工农联盟为基础的人民民主专政的新中国的诞生。

　　1950年6月18日，中国人民政治协商会议第一届全国委员会第二次会议通过中华人民共和国国徽图案及对该图案的说明。同年9月20日，公布中华人民共和国国徽。中华人民共和国国徽由清华大学建筑系梁思成、林徽因、李宗津、莫宗江、朱倡中等人所组成的设计小组与中央美术学院张仃、张光宇等人的设计小组集体创作。1991年3月2日，中华人民共和国第七届全国人民代表大会常务委员会第18次会议通过了《中华人民共和国国徽法》，并由中华人民共和国主席颁布主席令，予以公布，自1991年10月1日起施行。

第 2 章 选 区

在 Photoshop 中,选择工具的作用是创建选区,选择部分图像中的像素。数字图像的处理往往是针对局部的处理,前提是需要在局部创建选区。只有创建精准的选区才可以完成高质量的图像处理,因此,选择工具在 Photoshop 中有着特别重要的地位。

> **知识拓展专题** 深入理解 PS 软件的选区功能
>
> 在学习使用选择工具前,有一些基本概念需要搞清楚。
> ①只有被选择,才能被编辑。
> ②选区在屏幕上显示的状态为闪烁的浮动框。
> ③像素是组成图像的基本单元,创建选区时不可能选择半个像素。
> ④当对选区执行羽化操作或选择带有不透明度像素的选区时,闪烁的浮动选框只会表现为选中不小于 50% 透明度像素的状态,小于 50% 透明度的像素虽然没有显示被选中,但其实已被选择。
> ⑤选区的浮动框只是一个虚拟的符号,仅代表某区域已被选中,对图像效果没有任何影响。

> **素质拓展专题** 通过对选区功能的理解,我们知道要针对需要处理的像素进行精准选择。由此,我们引申了解一下我国的精准扶贫政策。
>
> 精准扶贫:是粗放扶贫的对称,是指针对不同贫困区域环境、不同贫困农户状况,运用科学有效程序对扶贫对象实施精确识别、精确帮扶、精确管理的治贫方式。一般来说,精准扶贫主要是就贫困居民而言,谁贫困就扶持谁。
>
> "精准扶贫"的重要思想最早是在 2013 年 11 月,习近平总书记到湖南湘西考察时首次作出了"实事求是、因地制宜、分类指导、精准扶贫"的重要指示。2014 年 1 月,中共中央办公厅详细规制了精准扶贫工作模式的顶层设计,推动了"精准扶贫"思想落地。2014 年 3 月,习近平总书记参加两会代表团审议时强调,要实施精准扶贫,瞄准扶贫对象,进行重点施策。进一步阐释了精准扶贫理念。2015 年 1 月,习近平总书记新年首个调研地点选择了云南,总书记强调坚决打好扶贫开发攻坚战,加快民族地区经济社会发展。5 个月后,总书记来到与云南毗邻的贵州省,强调要科学谋划好"十三五"时期扶贫开发工作,确保贫困人口到 2020 年如期脱贫,并提出扶贫开发"贵在精准,重在精准,成败之举在于精准","精准扶贫"成为各界热议的关键词。
>
> 2015 年 10 月 16 日,习近平总书记在 2015 减贫与发展高层论坛上强调,中国扶贫攻坚工作实施精准扶贫方略,增加扶贫投入,出台优惠政策措施,坚持中国制度优势,注重六个精准,坚持分类施策,因人因地施策,因贫困原因施策,因贫困类型施策,通过扶持生产和就业发展一批,通过易地搬迁安置一批,通过生态保护脱贫一批,通过教育扶贫脱贫一批,通过低保政策兜底一批,广泛动员全社会力量参与扶贫。

2.1 创建选区

在 Adobe Photoshop 中,要对图像中的某些局部像素进行编辑处理,首先要通过各种途径选中局部区域的像素,也就是所说的创建选区。创建选区的方法有很多,下面介绍几种常见的创建选区的方法。

2.1.1 选框工具组

选框工具组包括矩形选框工具、椭圆选框工具、单行选框工具和单列选框工具。

提示:①若工具箱中的工具按钮右下角带有黑色小三角,表明该工具组还有隐藏工具,一种方法是在按钮上长按 1 秒以上,弹出隐藏工具,另外一种方法是右击;②同一组工具通常共用一个快捷键,依靠 Shift + 快捷键进行组内切换。

1. 矩形选框工具

选择该工具后,按住左键拖动鼠标,通过确定对角线的长度和方向创建选区。其选项栏的参数如图 2-1 所示。

图 2-1 "选框工具"选项栏

(1)选区运算

新选区:默认选项,作用是创建新的选区。若图像中已经存在选区,新创建的选区将取代原有选区。

添加到选区:将新创建的选区与原有选区进行求和运算。临时使用时的快捷键是长按 Shift 键。

从选区减去:将新创建的选区与原有选区进行减法运算。其结果是从原有选区中减去新选区与原有选区的公共部分。临时使用时的快捷键是长按 Alt 键。

与选区交叉:将新创建的选区与原有选区进行交集运算。其结果是保留新选区与原有选区的公共部分。临时使用时的快捷键是长按 Shift + Alt 键。

> **知识拓展专题** 理解选区运算的快捷操作
>
> 在日常使用中,选区运算的操作需要频繁且快捷地使用。对于初学者而言,选择工具上方属性栏中的四个运算按钮需要快捷地灵活使用。这四个按钮是固定式选择式按钮,按下之后无法自动弹起,下次需要使用其他运算方法时,需要重新选择其他按钮。因此,初学者在使用选区运算功能时,尽量保证其选在"新选区"(默认选项)上,需要临时使用其他运算时,利用上述快捷键进行操作比较符合常规操作习惯。

(2)羽化

PS 软件中针对选区的羽化处理,可用来创建渐隐的边缘过渡效果。

提示：羽化的实质是以选区边界为中心，以所设置的羽化值为半径，在选区边界内外形成一个透明渐变的选择区域。

重要提示：当羽化值较大而创建的选区较小时，由于选框无法显示，将弹出警告框。除非特殊需要，一般应取消选区，并设置合适的羽化值重新创建选区。

（3）消除锯齿

消除锯齿的作用是平滑选区的边缘。在选择工具中，该选项仅对椭圆选框工具、套索工具组和魔棒工具有效。

（4）样式

正常：默认选项，通过拖动鼠标随意指定选区的大小。

固定比例：按指定的长宽比通过拖动鼠标创建选区。

固定大小：按指定的具体长度和宽度值（单位是像素），通过单击创建选区。如果想改变度量单位，可通过右击"长度"或"宽度"数值框选择。

（5）调整边缘

调整边缘是 PS 的新增功能，用于动态地对现有选区的边缘进行细致的调整，如边缘的范围、对比度、平滑度和羽化程度等，还可以对选区的大小进行扩展或收缩。

（6）创建规范形选区

选择矩形或椭圆工具后，按住 Shift 键同时拖动鼠标，可创建正方形或正圆形选区；按住 Alt 键同时拖动鼠标，可以起点为中心创建选区；同时按住 Shift 和 Alt 键并拖动选区，可以中心创建规范形选区。

2. 椭圆选框工具

按住左键拖动鼠标，创建椭圆形选区。其选项栏参数的作用与矩形选框工具类似。

3. 单行选框工具与单列选框工具

单行选框工具用来创建高度为一个像素、宽度与当前图像的像素宽度相等的选区。单列选框工具用来创建宽度为一个像素、高度与当前图像的像素高度相等的选区。

由于选区的大小已确定，使用单行选框工具与单列选框工具创建选区时，只要在图像中某点单击即可。

2.1.2 套索工具组

套索工具组包括套索工具、多边形套索工具和磁性套索工具，用于创建形状不规则的选区。

1. 套索工具

套索工具用于创建手绘形态的自由的选区，用法如下：

① 选择套索工具，设置其选项栏参数。

② 在待选对象的边缘按住左键拖动圈选待选对象，当指针回到起始点松开左键可闭合选区；若指针未回到起始点便松开左键，起点与终点将以直线段相连，形成闭合选区。

套索工具适合选择对于获取的选区精度要求不高或边缘较为清晰的对象。

2. 多边形套索工具

多边形套索工具用于创建多边形选区，用法如下：

①选择多边形套索工具,设置其选项栏参数。

②在待选对象的边缘某点上单击,确定选区的第一个点;将指针移动到下一点上再次单击,确定选区的第二个点;依此操作下去。当指针回到起始点时(此时指针旁边将出现一个小圆圈)单击可闭合选区;当指针未回到起始点时,双击可闭合选区。多边形套索工具适合选择边界由直线段围成的对象。

重要提示:在使用多边形套索工具创建选区时,按住 Shift 键可以确定水平、竖直或方向为 45°角的倍数的直线段选区边界。

3. 磁性套索工具

磁性套索工具特别适用于快速获取与背景颜色对比强烈且边缘复杂的选区,其选项如图 2-2 所示。其与其他选取工具不同的选项栏参数如下:

图 2-2 "磁性套索工具"选项

宽度:指定检测宽度,单位为像素。磁性套索工具只检测从指针开始指定距离内的边缘。

对比度:指定磁性套索工具跟踪对象边缘的灵敏度,取值范围为 1%~100%。较高的数值只检测指定距离内对比强烈的边缘;较低的数值可检测到低对比度的边缘。

频率:指定磁性套索工具产生紧固点的频度,取值范围为 0~100。较高的频率将在所选对象的边缘上产生更多的紧固点。

绘图板压力:该参数针对使用光笔绘图板的用户。选择该按钮,增大光笔压力将导致边缘宽度减小。

磁性套索工具的一般使用方法如下:

①选择磁性套索工具,根据需要设置选项栏参数。

②在待选对象的边缘单击,确定第一个紧固点。

③沿着待选对象的边缘移动(或拖动)鼠标,创建选区。在此过程中,磁性套索工具定期将紧固点添加到选区边界上。

④若选区边界没有与待选对象的边缘对齐,可在待选对象边缘的适当位置单击,手动添加紧固点,然后继续移动(或拖动)鼠标选择对象。

⑤当指针回到起始点时(此时光标旁边将出现一个小圆圈)单击可闭合选区;当指针未回到起始点时,双击可闭合选区,但起点与终点将以直线段连接。

重要提示:使用磁性套索工具选择对象时,若待选对象的边缘比较清晰,可设置较大的宽度值和更高的对比度值,然后大致地跟踪待选对象的边缘即可快速创建选区。若待选对象的边缘比较模糊,则最好使用较小的宽度值和较低的对比度值,这样将更准确地跟踪待选对象的边缘以创建选区。

2.1.3 魔棒工具组

魔棒工具适用于快速选择颜色相近的区域。其一般使用方法如下:

①选择魔棒工具,根据需要设置选项栏参数,如图 2-3 所示。

②在待选的图像区域内单击某一点。

魔棒工具的选项栏上除了"选区运算"按钮、"消除锯齿"复选框外,还有以下参数。

图 2-3 "魔棒工具"选项

容差:用于设置颜色值的差别程度,取值范围为 0~255,系统默认值为 32。使用魔棒工具选择图像时,其他像素点与单击点的颜色值进行比较,只有差别在容差范围内的像素才被选中。一般来说,容差越大,所选中的像素越多。容差为 255 时,将选中整个图像。

连续:勾选该复选框,只有容差范围内的所有相邻像素被选中;否则,将选中容差范围内的所有像素。

对所有图层取样:跨越所有图层对所有可见图层起作用。

③快速选择工具:快速选择工具利用可调整的圆形画笔笔尖快速"绘制"选区。拖动时选区会向外扩展并自动查找和跟随图像中定义的边缘。

画笔:用于设置快速选择工具的笔触大小、硬度和间距等属性。

自动增强:勾选该复选框,可自动加强选区的边缘。

2.1.4 "色彩范围"命令

"色彩范围"命令可利用图像中的色彩关系来创建选区。它类似一个功能强大的魔棒工具,除了以颜色差别来确定选取范围外,还综合了选区的相加、相减和相似命令,以及根据基准色选择等多项功能。

执行"选择"|"色彩范围"命令,弹出"色彩范围"对话框,如图 2-4 所示。

1. 颜色容差

"颜色容差"的含义类似于前面介绍的魔棒工具的"容差"选项,数值越高,选择范围就越大。拖动下方的滑块或者直接输入都可调整"颜色容差"的数值,它的取值范围为 0~200。

2. 选择区域的增减

带加号的吸管可连续增选相似范围。选中带加号的吸管在图像中多处单击,直到想要选择的区域全部或基本上包含进去为止,单击"确定"按钮。

带减号的吸管可连续减去相似的像素,而不带任何符号的吸管只能进行一次性选择。另外,还可以使用吸管在画面中拖动,来实现对大面积色彩范围的选取。

图 2-4 "色彩范围"对话框

提示:在选择不带任何符号的吸管时,可按住 Shift 或 Alt 键来增大或缩小选区范围,而不必选择相应符号的吸管。

3. 预视图与选区预览

①预视图:在"色彩范围"对话框中有预视图,预视图下方有两个选项:选择范围和图像。当选中"选择范围"时,预视图中就以256灰阶来表示选中与未选中的区域,亮度值高于50%灰度的区域表示被选中,相反则未被选中。当选中"图像"时,在预视图中就可以看到彩色原图。

②选区预览。为了更清楚地表现出选择区域的形状,在使用"色彩范围"命令时,还可以控制图像窗口中图像的显示方式,更精确地表现出所要创建的选区。这些选区预览的方法可以通过对话框最下方的弹出列表进行切换,共有5种不同选择。

- 无:不显示选择区域。
- 灰度:以灰度图像来表示选择区域。
- 黑色杂边:显示黑色背景。选择这一项时,图像窗口中被选中的区域保持原样,而未被选中的区域则以黑色表示,模拟选择区域中的内容放在黑色背景上。
- 白色杂边:显示白色背景(含义与黑色杂边相反)。
- 快速蒙版:以快速蒙版来表现选择区域。此时,未被选中的区域被一层半透明的蒙版色覆盖,选中的区域保持原样。

4. 选择单一颜色或色调

"色彩范围"命令可以利用图像中某些特定的单一颜色来确定一个新的选择区域,这些区域可以是特定颜色色相的区域,也可以是特定颜色色调的区域。这一选项可以通过对话框最上方的"选择"下拉列表中的选项来设定。

2.2 修 改 选 区

通常情况下,首次创建可能很难获得理想的选区,因此要对创建的选区进行修改。

2.2.1 选区运算

在之前介绍的选择工具中提到过关于选区运算的概念,选区运算就是针对上一次创建的选区进行添加、缩小及选取相交区域的操作。除利用"选区运算"功能外,还可以利用快捷键进行操作。

①选区相加:在创建选区的前提下,按住 Shift 键,十字光标右下会出现"＋",此时再创建第二个选区,那么最终的选区是两个选取范围之和,此操作可以连续使用。

②选区相减:同理,在创建选区的前提下,按住 Alt 键,十字光标右下会出现"－",此时再创建第二个选区,那么最终的选区是两个选取范围之差,此操作可以连续使用。

③选区相交:在创建选区的前提下,按住 Alt＋Shift 键,十字光标右下会出现"×",此时再创建第二个选区,那么最终的选区是两个选取范围相交的区域,此操作可以连续使用。

2.2.2 "选择"菜单

创建选区后,可以利用"选择"菜单中的命令对选区进行编辑。在选区存在的状态下,选择"选择"菜单,弹出选择菜单项。

①执行"选择"|"修改"|"边界"命令,弹出"边界选区"对话框,在"宽度"文本框内输入适当数值,单击"确定"按钮,可沿选区边缘创建与数值相应宽度的环形选区。

②执行"选择"|"调整边缘"命令,弹出"调整边缘"对话框,这里与大多数选择工具自带的"调整边缘"工具选项相同,可以对选区进行微调。从改变大小到调整羽化效果等,从而精确控制选区边缘。

"调整边缘"命令的所有调整效果都有一个实时预览,可分别在标准视图、快速蒙版视图、黑色/白色背景视图等模式下查看选区的边缘效果。

③执行"选择"|"修改"|"平滑"命令,弹出"平滑选区"对话框,在"取样半径"文本框内输入适当数值,单击"确定"按钮,可使当前选区中小于取样半径值的尖角产生圆滑效果。

④执行"选择"|"修改"|"扩展"命令,弹出"扩展选区"对话框,输入适当的扩展数值,单击"确定"按钮,可将选区向外等量扩展相应的像素数。执行此命令与执行"选择"|"修改"|"收缩"命令效果相反。

⑤执行"选择"|"扩大选取"命令,可将选区在图像上延伸,将与当前选区内像素相连且颜色相近的像素点一并扩充到选区中。

⑥执行"选择"|"选取相似"命令,可将选区在图像上延伸,将图像中所有与选区内部颜色相似的像素都扩充到选区内部,包括相连和不相连的区域。

提示:"选取相似"命令类似功能不全的"色彩范围"命令。

⑦执行"选择"|"存储选区"命令,可将选区存储在通道中。

⑧执行"选择"|"载入选区"命令,可将之前存储选区在通道调出使用。

提示:"存储选区"与"载入选区"命令在今后的章节中将会详细介绍。

2.2.3 变换选区

在 PS 中可对任何浮动的选框进行变形操作,当浮动的选区存在时,执行"选择"|"变换选区"命令,会显示带有 8 个节点的变形控制框,此时可拖动节点和边框完成对选区的变形。

①移动选区:除其他移动选区的方法外,还可以利用"变换选区"命令移动选区,对选区执行"变换选区"后,光标移至选区上方,此时光标变为黑色箭头,拖动选区,满意后,按 Enter 键完成移动。

②缩放选区:对选区执行"变换选区"命令后,光标移至 8 个节点中的任意一点上,此时光标会变为一对的反向箭头,拖动节点,按 Enter 键完成移动。

当光标移至 4 个边线上的节点中任意一点时,拖动后可执行水平或垂直方向的缩放;当光标移至 4 个顶角上的节点中任意一点时,拖动后可执行倾斜方向的缩放。满意后,按 Enter 键完成缩放。

提示:①按住 Shift 键在倾斜方向上拖动可完成等比例缩放;②按住 Alt 键在倾斜方向上拖动可完成中心缩放;③按住 Shift + Alt 键在倾斜方向上拖动可完成中心等比例缩放。

③旋转选区:对选区执行"变换选区"命令后,光标移至变形控制框外围,当距离达到一定程度后,光标变为一对反向的弧线,此时旋转拖动鼠标,满意后,按 Enter 键完成旋转。

④透视变形选区:对选区执行"变换选区"命令后,光标移至 8 个节点中任意一点上,按住 Ctrl 键,此时光标变为灰色箭头,拖动节点可执行透视纵深的变形,满意后,按 Enter 键完成选

区的透视变形。

提示：①同时按住 Ctrl + Shift 键在水平或垂直方向上拖动可完成透视变形；②同时按住 Ctrl + Alt 键可完成中心对称方向的透视变形；③同时按住 Ctrl + Shift + Alt 键可完成轴对称方向的透视变形。

> **知识拓展专题** 自由变换与变换选区
>
> PS 变换选区和自由变换的区别："变换选区"无须选中图层，仅对选区的形状、大小等进行改变，与图层无关；"自由变换"需要选中图层，仅对该图层或该图层选区内的像素进行变换。

2.2.4 选区的基本操作

①填充选区：首先设置颜色（前景色或背景色），其次创建选区（在需要的图层上），执行"编辑"|"填充"命令，弹出"填充"对话框。设置使用前景色或背景色填充、填充模式、填充的不透明度等。单击"确定"按钮，完成颜色填充。颜色填充的快捷键为 Alt/Ctrl + Delete。

②取消、全选与反选选区：执行"选择"|"取消选择"命令可取消选区；执行"选择"|"全选"命令可创建整个图像范围的选区；执行"选择"|"反选"命令可将之前的选区取消，并选择与之前相反的区域。这三个操作的快捷键分别为取消选区：Ctrl + D；全选：Ctrl + A；反选：Ctrl + Shift + I。

③移动选区：创建出来的选区在未填充像素前只是一个虚拟的浮动框，移动此浮动框的方法有三种：一是在选择创建选区工具的前提下，将鼠标移至选区上方，当出现白箭头与白方框组合光标时，拖动鼠标移动；二是在选择创建选区工具的前提下，使用方向键移动；三是利用"变换选区"命令移动。

提示：利用拖动移动选区时按住 Shift 键可完成垂直、水平和 45 度角移动。

④描边选区：PS 软件可为选区边缘填充描边，创建选区后，执行"编辑"|"描边"命令，此时会弹出"描边"对话框，如图 2-5 所示。

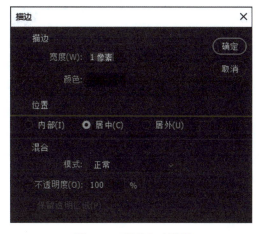

图 2-5 "描边"对话框

描边：为描边设置宽度和颜色。

位置：设定描边是在选区浮动框之内、之外还是横跨在浮动框中央。

混合：可以设置描边的"混合模式"和"不透明度"。

保留透明区域：如果创建的选区经过的图像有透明区域，选中此项后，这些透明区域将会被保留，只在不透明的区域内完成描边。如果不选择此项，对选区的描边将不会受像素透明度的影响。

设置完成后，单击"确定"按钮，完成选区描边。

第3章 图层

3.1 图层的基本概念

3.1.1 对于图层概念的理解

图层是 PS 软件基础操作的重点内容,也是 PS 软件学习者在初级阶段的核心内容。在 PS 中,一幅图像往往由多个图层上下叠盖而成。所谓图层,可以理解为透明无暇的玻璃板(或胶片),而像素是"涂抹"其上的墨迹。通常情况下,如果某一图层上"涂抹"有不透明的像素,将遮盖住其下面图层中的像素。在图像窗口中看到的画面实际上是各层叠加之后的总体效果。

默认设置下,PS 用灰白相间的方格图案表示图层的透明区域。背景图层是一个比较特殊的图层,只要不转换为普通图层,它将永远是不透明的(在创建文件时可进行设置),而且始终位于所有图层的最底部。

若图像中存在选区,则可以理解为这个选区浮动在所有图层之上,而不是专属于某一图层。此时就能对所选图层在当前选区内的图像进行编辑,因此,图层与选区是编辑之前两个并列存在的选择前提。

图层是 Photoshop 最核心的功能之一。在处理内容复杂的图像时,一般应该将不同的内容放置在不同的图层上,这会给图层的管理和图像的编辑带来很大的方便。另外,在其他一些 Adobe 系列家族软件中也都有"图层"的概念。因此,正确理解图层含义,熟练掌握图层操作不仅是学好 Photoshop 的必要条件,也会给其他相关软件的学习带来一定的帮助。

素质拓展专题 通过对于图层的理解,我们了解到一幅图像是由多个图层组成的。由此,我们可以引申出整体与部分的辩证关系。

整体和部分是相互区别的。一是含义不同:二者有严格的界限。在同一事物中,整体就是整体而不是部分,部分就是部分而不是整体,二者不能混淆。二是二者的地位不同:整体居于主导地位,整体统率着部分,部分在事物的存在和发展过程中处于被支配的地位,部分服从和服务于整体。三是二者的功能不同:整体具有部分所不具备的功能;当部分以有序合理优化的结构形成整体时,整体功能大于局部功能之和;当部分以无序欠佳的结构形成整体时,整体功能小于部分功能之和。

> 整体和部分是相互联系的。一是相互依存：整体是由部分构成的，离开了部分，整体就不复存在；部分是整体中的部分，离开了整体，部分就不称其为部分，就要丧失其功能。二是相互影响：整体功能状态及其变化也会影响到部分，部分的功能及其变化甚至对整体的功能起决定作用。整体部分的辩证关系的方法论意义：一是树立整体观念和全局的思想，从整体出发，在整体上选择最佳行动方案，实现最优目标。二是搞好局部，使整体功能得到最大发挥。

3.1.2 图层的种类

①普通图层：图像图层是创作各种合成效果的重要途径。可以将不同的图像放在不同的图层上进行独立操作而对其他图层没有影响。在默认情况下，图层中灰白相间的方格表示该区域没有像素或像素呈透明状态。

②填充图层：填充图层是带有填充特效的图层，填充图层有三种形式："颜色""渐变"和"图案"。

③调整图层：调整图层是带有色彩调整的图层。调整图层的引入解决了存储后的图像不能再恢复之前的色彩状况这一问题。

④智能对象：智能对象独立成层，是嵌入在图像文件中的一个文件。智能对象可以包含像素或矢量图像。

⑤文字图层：PS 为文字创建了特有的图层种类。文字图层也是由像素组成的，和图像有相同的分辨率，但是 PS 保留了文字的矢量轮廓，可在输出时产生清晰的不依赖于图像分辨率的边缘。同时，文字图层还包括"字符"与"段落"属性，可以独立完成字体、样式、大小、段落、缩放及间距等操作。

⑥形状图层：由路径工具创建和编辑，由矢量图层蒙版构成的图层。形状图层具备矢量路径的所有优势，可对图形进行有效控制。有关"路径"与"蒙版"的概念在以后的学习中会重点强调。

⑦背景图层：位于图像文件所有图层的最下部，标示着图像文件的底纹与根基。背景图层在转化为普通图层前其编辑受到诸多限制，且永远是不透明的。

⑧带有蒙版的图层：图层蒙版不是一种图层，而是作为图层的附属物从而产生对图层中像素的遮盖效果。

⑨特效文字图层：为文字图层添加变形特效后，该图层将转化为带有变形特效的文字图层。

⑩带有图层样式的图层：图层样式是一种在图层中应用特殊效果的快捷方式，将图层效果保存为图层样式以便随时编辑、修改和重复使用。

3.1.3 "图层"调板

"图层"调板是用来管理和操作图层的，几乎所有和图层有关的操作都可以通过"图层"调板加以完成。如果桌面上没有显示"图层"调板，可选择"窗口"｜"图层"命令将"图层"调板调出。

提示："图层"调板是 PS 初学者的重要操作平台。由于 PS 的基础就是对图层及其像素的操作,因此,对于"图层"调板的应用要加以重视。此外,对于初学者而言,为方便操作,应把其他不用的调板暂时关闭,使"图层"调板放大到足够的空间。

对于"图层"调板及图层基础操作的认识,我们可以通过以下内容进行了解。

①图层混合模式:单击此处可弹出菜单,用来设定图层之间的混合模式。

②图层锁定选项:从左至右分别为:

- 锁定透明度(表示图层的透明区域能否被编辑)。
- 锁定图像编辑(除了可以移动外,不能对图层进行任何编辑)。
- 锁定位置(当前图层不能被移动,但可对图层进行编辑)。
- 锁定全部(当前图层被完全锁定,不能对图层进行任何编辑)。

③图层组:文件夹表示图层归在此组内,小箭头表示隐藏或显示组内图层。

④图层被选中:颜色加深表示此图层是当前操作层。

⑤显示/隐藏当前图层:眼睛图标的显示与消失,表明此图层的显示或隐藏。

⑥图层样式:如果图层添加有图层样式,图层后部会显示具体样式明细。

⑦链接图层:选中多个图层后,单击此项可完成对这些图层的链接。

⑧添加图层样式按钮:单击此项可为选中图层添加图层样式。

⑨添加图层蒙版按钮:单击此项可为选中图层添加图层蒙版。

⑩创建填充或调整图层:单击此项可创建填充或调整图层。

⑪创建新组:单击此项可创建新的图层组。

⑫创建新图层:单击此项可新建图层。

⑬删除图层:可对图层执行删除操作。

⑭图层锁定:表示图层被锁定,某些操作无效(背景层为部分锁定)。

⑮图层的填充不透明度(填充):可以调整图层内部像素的不透明度。

⑯图层的总体不透明度(不透明度):可以调整图层总体显示的不透明度。

⑰图层调板选项。单击右上图层调板选项按钮,对图层进行编辑。

3.2 图层的基本操作

通过前面的学习,我们已经了解了关于图层的一些基本概念和"图层"调板。本节将进一步介绍有关图层的基本操作。

3.2.1 选择图层

在"图层"调板上单击图层的名称即可选择图层,此时图层会变为浅灰色。

在 Photoshop 中,要选择多个图层,只需单击第一个需要选择的图层,按住 Shift 键(选择连续的图层)或 Ctrl 键(选择不连续的图层)单击其他图层即可。一旦选择多个图层,则后续所有针对图层的操作均作用于这些被选择的图层。

3.2.2 创建新图层

创建新图层的方法有以下几种。

①单击"图层"调板下方的"创建新图层"按钮新建图层。

②通过"图层"调板菜单新建图层。在"图层"调板中,用鼠标单击调板右上选项按钮会弹出菜单,选择菜单中的"新建图层"命令,接着弹出"新建图层"对话框,设置完成后,单击"确定"按钮完成新建图层操作。

提示:默认情况下,新建的图层生成于原先选中图层的上方,如果按住 Ctrl 键单击"创建新图层"按钮,新建图层位于原先选中图层的下方,按住 Alt 键单击"创建新图层"按钮,会弹出"新建图层"对话框,完成对新建图层的设置。

③通过菜单直接选择"图层"|"新建"|"图层"命令。

④通过按 Ctrl + Shift + N 键打开"新建图层"对话框,新建图层。

3.2.3 复制与剪切图层

1. 图像之间的复制与剪切图层

①通过复制和粘贴命令新建图层。首先确定一个图层或图层内的选区,执行"编辑"|"复制"(Ctrl + C)命令进行复制。切换到另一幅图像上,执行"编辑"|"粘贴"(Ctrl + V)命令。软件会自动为粘贴的图像建立一个新图层。

②通过拖放新建图层。同时打开两张图像,确定选区(或整体图像),切换至移动工具,按住鼠标将当前图像拖放到另一张图像上,拖动过程中会有虚线框显示。拖动的图像被复制到一个新的图层上,而原图不受影响。

提示:图像之间复制与剪切的图层或选区内部必须有像素存在。

2. 图像内部的复制与剪切图层

①在"图层"调板中,将要复制的图层用鼠标拖动到"图层"调板下面的"创建新图层"按钮上,即可将此图层复制。软件会自动为粘贴的图层创建一个带有原先图层"副本"名称的新图层。

②选择某个图层右击或单击图层右上选项按钮,选择"复制图层",弹出"复制图层"对话框,设置后单击"确定"按钮,完成复制。

③首先确定一个图层或图层内的选区,然后执行"图层"|"新建"|"通过复制的图层"命令或按 Ctrl + J 键,软件会自动为粘贴的图像创建一个新的图层(将选区内的像素复制至新图层)。

④首先确定一个图层内的选区,然后执行"图层"|"新建"|"通过剪切的图层"命令或按 Ctrl + Shift + J 键,软件会自动为粘贴的图像创建一个新的图层,并且删除原先的图层或图层选区内的像素(将选区内的像素剪切至新图层)。

知识拓展专题 复制与剪切图层的重要提示

①所有经过复制粘贴后的图层生成于原先选中图层的上方。

②执行"通过复制的图层"时,可对整个图层进行可复制。如果复制源不是整个图层而是某个图层内的选区,那么该选区内必须有像素存在,否则将无法完成复制。

③"通过剪切的图层"只对某个图层内的选区有效,且选区内必须有像素存在。

3.2.4 图层的显示、隐藏、删除、移动

1. 图层的显示与隐藏

在"图层"调板中,当前方的小眼睛图标显示时,表示这个图层是可见的。要显示或隐藏图层时,单击小眼睛图标,即可控制图层的显示与隐藏。按住 Alt 键单击眼睛图标,则只显示当前图层,其他图层同时隐藏。按住 Alt 键再次单击,则所有图层又会显示出来。

2. 图层的删除与移动

(1) 删除图层

如果要删除某一图层,普遍使用的方法是选中图层后,按 Delete 键。还可用鼠标将图层拖动到"图层"调板右下角的"删除图层"按钮上,或选择图层后直接单击"删除图层"按钮,单击"确定"按钮即可。此外,选中图层后右击或在"图层"调板右上选项按钮弹出的菜单中,也有"删除图层"选项。

(2) 移动图层

移动图层时,需选取"移动工具"拖动图像图层或利用方向键完成移动。

移动工具是 Photoshop 软件的最常用工具,也称"常态化工具",其快捷键为 V,此工具位于工具箱最顶部,功能是针对非锁定图层内的像素的位移处理。选择移动工具,其选项栏如图 3-1 所示。

图 3-1 移动工具选项栏

自动选择(图层/组):选择此选项后,可利用鼠标在图像窗口中对不同的图层进行直观选择,而无须在"图层"调板中进行寻找选择。这个功能对于初学者而言非常实用,当"图层"调板中有很多图层或图层组无法迅速找到时,可以打开此功能进行选择。

显示变换控件:选中此选项后,当选中图层时,会在此图层的像素四周显示控制边框,可以直接进行旋转或变形等操作。

> **知识拓展专题** 移动图层的重要提示
>
> ① 在使用移动工具时,可按键盘上的方向键直接以 1 像素的距离移动图层上的图像,如果先按住 Shift 键后再按方向键则以每次 10 像素的距离移动图像。
> ② 在图像窗口中拖动图层移动时按住 Shift 键,可完成以水平、垂直或 45°角移动。
> ③ 按住 Alt 键拖动像素会将所选的像素复制到新的图层中。

3.2.5 图层的锁定与链接

1. 图层的锁定

图层的锁定功能可以避免误操作将图层损坏或为具体编辑提供便利。在"图层"调板中的"锁定"后面提供了 5 种不同的锁定内容。单击任意一项,可以激活或取消相应的

锁定。

①锁定图层中的透明部分:这个选项是常用功能,在图层中没有像素的部分是透明部分,在对图层进行编辑时,可以只针对有像素的部分进行编辑,将"锁定透明像素"图标按下时,则图层中没有像素的部分不被编辑。

②锁定图层中的图像编辑:当按下此图标后,只要是针对像素的编辑,无论是透明部分还是图像部分都不允许任何编辑,但移动和缩放等可编辑。

③锁定图层的移动:当按下此图标后,本图层上的图像不能被移动或缩放。

④防止在画板和画框内外自动嵌套:这个是 Photoshop 2015 版本之后新增的功能,主要是针对画板的,PS 中的画板是一个大文件夹,它包裹着图层和组。所以当图层或组移出画板边缘时,图层或组会在组层视图中移除画板。所以为了防止这种事情发生,可以在图层调板中开启锁定"防止在画板内外自动嵌套"这个按钮。

⑤锁定图层的全部:当按下此图标后,图层或图层组的所有编辑被锁定。

> **知识拓展专题** 锁定多个图层
>
> 锁定图层可以对多个图层同时操作,同时选中多个图层后,执行"图层"|"锁定图层"命令,弹出"锁定图层"对话框,可以分别设置各选项完成图层的批量锁定。

2. 图层的链接

Photoshop 允许在多个图层间建立链接关系,以便将它们作为一个整体进行移动和变换操作。另外,对存在链接关系的图层,可进行对齐、分布和选择链接图层等操作。

在"图层"调板上,选择两个或两个以上要链接的图层,单击调板底部的"链接图层"按钮或通过右键和调板菜单,即可在所选图层间建立链接关系。要取消图层的链接关系,先同时选中存在链接关系的图层,选择"图层"|"取消图层链接"命令,或在"图层"调板上单击"链接图层"按钮。选择某个链接图层,选择"图层"|"选择链接图层"命令,或在"图层"调板菜单中选择"选择链接图层"命令,可同时选中其他链接的图层。

3.2.6 图层的对齐、分布与排序

1. 图层的对齐与分布

(1) 对齐图层

如果想要将诸多图层中不同的图像像素进行对齐,若使用移动工具操作会很烦琐,可以通过执行"图层"|"对齐"命令来实现。首先选中多个图层,执行"图层"|"对齐"命令,在其后的子菜单中选择不同的对齐命令可完成不同形式的对齐操作。或选择"移动工具"选项栏中的相应按钮进行操作。对齐方式有 6 种,分别介绍如下。

①垂直方向。

顶边:将所有图层中的像素按照垂直方向最顶端的像素为准进行对齐。

垂直居中:将所有图层中的像素按照垂直方向最顶端与最底端的中间点对齐。

底边:将所有图层中的像素按照垂直方向最底端的像素为准进行对齐。

②水平方向。
左边:将所有图层中的像素按照水平方向最左端的像素为准进行对齐。
水平居中:将所有图层中的像素按照水平方向最左端与最右端的中间点对齐。
底边:将所有图层中的像素按照水平方向最右端的像素为准进行对齐。

(2) 分布图层

选择某个链接图层,使用"图层"|"分布"菜单下的一组命令可将选中图层进行分布操作。分布方式也有 6 种,分别介绍如下。

①垂直方向。
按顶分布:使所有图层中各对象顶端的水平线之间的距离相等。
垂直居中:使所有图层中各对象中心的水平线之间的距离相等。
按底分布:使所有图层中各对象底端的水平线之间的距离相等。
②水平方向。
按左分布:使所有图层中各对象左侧的竖直线之间的距离相等。
水平居中:使所有图层中各对象中心的竖直线之间的距离相等。
按右分布:使所有图层中各对象右侧的竖直线之间的距离相等。

> 知识拓展专题 使用"移动工具"选项栏按钮完成图层的对齐与分布
>
> ①在"移动工具"选项栏中,也有对于多个图层对齐与分布的快捷选项。
> ②对于已经完成链接的多个图层,在执行对齐与分布时,只要选中一个对象,其余各对象均以该对象为准进行对齐分布,这与选中所有图层后的操作有所区别。

2. 图层的排序

在"图层"调板中,可以直接用鼠标拖动和释放任意改变各图层的排列顺序,也可以通过执行"图层"|"排列"来实现同样的操作。

值得注意的是,在"排列"菜单下有一个"反向"的命令,如图 3-2 所示,该命令可以反转图层的顺序,因此使用该命令时,需要选中两个或两个以上的图层。

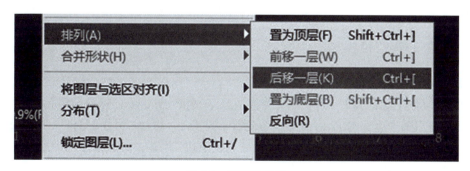

图 3-2　图层的排列

3.2.7　图层的合并与归组

1. 图层的合并

在某些特定情况下,我们需要对图层进行合并处理。图层合并的方式有多种,包括向下合并、合并图层、合并可见图层和拼合图像等。上述图层合并命令在"图层"菜单和"图层"调板菜单中都可以找到。

①向下合并:将当前图层(必须为可见层)合并到其下面的可见图层中。合并后的图层名称、混合模式、图层样式等属性与合并前的下一层相同。

②合并图层(Ctrl+E):将选中的多个图层合并为一个图层,同时忽略并删除被隐藏的图层。

③合并可见图层:将所有可见图层合并为一个图层,隐藏的图层不受影响。

④拼合图像:将所有可见图层合并为背景层,并用白色填充图像中的透明区域。若合并前存在隐藏的图层,合并时将弹出提示框。单击"确定"按钮,将丢弃隐藏的图层;单击"取消"按钮,则撤销合并命令。

2. 图层的归组

在图层众多的图像中使用图层组可以方便图层的组织和管理,不仅能够避免"图层"调板的混乱,还可以对图层进行高效、统一的管理。

图层组的创建与编辑方法如下。

①单击"图层"调板上的"创建新组"按钮,在当前图层或图层组的上面创建一个空的图层组。在选择图层组的情况下新建图层,可将新层创建在该图层组内。

②在"图层"调板上选择一个或多个图层,从"图层"调板菜单中选择"从图层新建组"命令,可将选定图层加入新建图层组内(Ctrl+G)。

③在"图层"调板上单击图层组左边的三角图标,可以折叠或展开图层组。将图层缩览图拖动到图层组图标上,可将现有图层转移到该图层组内,当然,也可将组内图层拖出图层组,将图层组拖动到"删除图层"按钮上,可直接删除该图层组及组内所有图层。若想保留图层,仅删除图层组,可在选择图层组后单击"删除图层"按钮,打开 Photoshop 提示框,单击"仅组"按钮。

3.2.8　图层的辅助性操作

1. 图层修边

在 PS 中复制粘贴图像时,经常有些图像边缘不平滑,或是带有背景的黑色或白色边缘,因此会使图像周围产生光晕或是锯齿。为此,PS 提供了"修边"功能,选择需要修整的图层后,执行"图层"|"修边"命令,其中包括"移去黑色杂边"、"移去白色杂边"和"去边"选项。

2. 载入图层选区

载入图层选区操作是非常实用的操作,可以快速、准确地获得某一图层中所有像素的选区(背景层除外)。操作方法如下。

①按住 Ctrl 键,在"图层"调板上单击某个图层的缩览图(注意不是图层名称),可获得这

个图层上所有像素的选区。若操作前图像中存在选区,则操作后新选区将取代原有选区。

②按住 Ctrl + Shift 键,在"图层"调板上单击某个图层的缩览图,可将该图层上所有像素的选区添加到图像中已有的选区中。

③按住 Ctrl + Alt 键,在"图层"调板上单击某个图层的缩览图,可从图像中已有的选区中减去该图层上所有像素的选区。

④按住 Ctrl + Shift + Alt 键,在"图层"调板上单击某个图层的缩览图,可将该图层上所有像素的选区与图像中原有的选区进行交集运算。

提示:上述操作同样适用于图层蒙版、矢量蒙版与通道。

3. 修改图层名称

在多图层图像中,根据图层的内容命名不同的图层有利于图层的识别与管理。在"图层"调板上双击图层的名称,在"名称"编辑框内输入新的名称,按 Enter 键或在"名称"编辑框外单击即可更改图层名。

4. 自动对齐图层

"自动对齐图层"命令可以根据不同图层中的相似内容(如边和角)自动对齐图层。可以指定一个图层作为参考图层,也可以让 PS 自动选择参考图层。其他图层将与参考图层对齐,以便匹配的内容能够自行叠加。

通过使用"自动对齐图层"命令,可以用下面几种方式组合图像。

①替换或删除具有相同背景的图像部分。对齐图像后,使用蒙版或混合效果将每个图像的部分内容组合到一个图像中。

②将共享重叠内容的图像缝合在一起。

③对于针对静态背景拍摄的视频帧,可以将帧转化为图层,然后添加或删除跨越多个帧的内容。

执行"编辑"|"自动对齐图层"命令,弹出"自动对齐图层"对话框,设置好后单击"确定"按钮,即可得到自动对齐的图像内容。

自动:PS 将分析源图像并应用"透视"或"援助"版面。

透视:通过将源图像中的一个图像(默认状态下为中间的图像)制定为参考图像来创建一致的复合图像。

圆柱:通过在展开的圆柱上显示各个图像来减少在"透视"版面中会出现的"领结"扭曲。

5. 自动混合图层

当通过缝合或组合以创建复合图像时,源图像之间的曝光差异可能会导致在组合图像中出现接缝或不一致。使用"自动混合图层"命令可在最终图像中生成平滑过渡的外观。

对于通过自动对齐图层创建的全景图,"自动混合图层"命令可以很有效地解决全景图拼接后的色偏问题。

6. 图层复合

图层复合的作用是记录"图层"调板的状态,它可以将图像中所有的图层的"可视性"(显示或隐藏)、"位置"以及"图层外观"(图层样式的应用状况)记录下来,作为状态快照(即图层复合)般存在"图层复合"调板中。这样,在处理图像的过程中,可以随时在"图层复合"调板中调用已存储的"图层复合",以回到该图层所记录的图层状态。

在一个图像中可以建立多个"图层复合",因此设计师运用图层的变化并可以利用这一功能在一幅图像中设计出多种方案,并将各种方案存储为"图层复合"。在向客户介绍时,只需逐个应用图层复合,即可以快捷地一一展示设计方案,这无疑大大加快了设计师的工作效率。

① 创建"图层复合"时要综合使用"图层"调板与"图层复合"调板。

② 查看图层复合时,在"图层复合"调板中单击应用图层复合图标即可。

③ 对图层复合进行修改后,在"图层复合"调板中选择该图层复合,然后单击该调板底部的"更新图层复合"按钮,即可将修改后的最新状态保存到所选的图层复合中。

④ 要删除某个图层复合,在"图层复合"调板中单击"删除复合"按钮。

⑤ 如果在建立图层复合后进行过诸如"删除图层""合并图层""将图层转换为背景"或者使用了颜色转换等操作,则可能出现一个或全部图层复合不再能够完全恢复的情况。这时,会在图层复合快照上出现一个警告图标,遇到这种情况可执行下列操作。

- 忽略警告。可能导致丢失一个或多个图层,但其他已存储的参数可能保留。
- 更新图层复合。会导致丢失以前捕捉的参数,但将会使图层复合保持更新。
- 单击警告图标。出现一个信息提示对话框,说明无法正确地恢复图层复合,单击黄框中的"清除"按钮,可移去警告图标。

3.3 图层混合模式

在 Photoshop 中,通过选项栏可以为大多数工具设置混合模式,如"正常""溶解""背后""清除""变暗""正片叠底"等,种类繁多。上述混合模式用于控制当前工具以何种方式影响图像中的像素。

与工具的混合模式类似,图层的混合模式决定了图层像素如何与其下面图层上的像素进行混合。当能够准确地理解和熟练地把握图层混合模式的特点之后,就可以根据图像预期合成效果的需要,选择合适的图层混合模式。

图层默认的混合模式为"正常"。在"图层"调板上,单击"混合模式"弹出式菜单,从展开的列表中可以为当前图层选择不同的混合模式。

正常:使上面图层上的像素完全遮盖下面图层上的像素。如果上面图层中存在透明区域,下面图层中对应位置的像素将通过透明区域显示出来。

溶解:根据图层中每个像素点透明度的不同,以该层的像素随机取代下层对应像素,生成颗粒状的类似物质溶解的效果。不透明度越小,溶解效果越明显。

变暗:比较上下图层中对应像素的各颜色分量,选择其中值较小(较暗)的颜色分量作为结果色的颜色分量。以 RGB 图像为例,若对应像素分别为红色(255,0,0)和绿色(0,255,0),则混合后的结果色为黑色(0,0,0)。

正片叠底:将图层像素的颜色值与下一图层对应位置上像素的颜色值相乘,把得到的乘积再除以 255。其结果是图层的颜色,一般比原来的颜色更暗一些。在这种模式下,任何颜色与黑色复合产生黑色,任何颜色与白色复合保持不变。

颜色加深:查看每个通道中的颜色信息,通过增加对比度使下层颜色变暗以反映上一图层的颜色。白色图层在该模式下对下层图像无任何影响(两层混合后显示的完全是下一层的图像)。

线性加深:查看每个通道中的颜色信息,并通过降低亮度使下层颜色变暗以反映上一图层的颜色。白色图层在该模式下对下层图像无任何影响。

深色:比较上下图层中对应像素的各颜色分量的总和,并显示值较小的像素的颜色。与"变暗"模式不同,该模式不生成第3种颜色。

变亮:与"变暗"模式恰恰相反。比较上下图层中对应像素的各颜色分量,选择其中值较大(较亮)的颜色分量作为结果色的颜色分量。以 RGB 图像为例,若对应像素分别为红色(255,0,0)和绿色(0,255,0),则混合后的结果色为黄色(255,255,0)。

滤色:查看每个通道的颜色信息,并将上一层像素的互补色与下一层对应像素的颜色复合,结果总是两层中较亮的颜色保留下来。上层颜色为黑色时对下层没有任何影响(结果完全显示下层的图像)。上层颜色为白色时将产生白色。

颜色减淡:查看每个通道中的颜色信息,并通过增加对比度使下一层颜色变亮以反映上一层颜色。上层颜色为黑色时对下层没有任何影响。

线性减淡:查看每个通道中的颜色信息,并通过增加亮度使下一层颜色变亮以反映上一层颜色。上层颜色为黑色时对下层没有任何影响。上层颜色为白色时将产生白色。

浅色:比较上下图层中对应像素的各颜色分量的总和,并显示值较大的像素的颜色。与"变亮"模式不同,该模式不生成第3种颜色。

叠加:保留下一层颜色的高光和暗调区域,保留下一层颜色的明暗对比。下一层颜色没有被替换,只是与上一层颜色进行叠加以反映其亮部和暗部。

柔光:根据上一层颜色的灰度值确定混合后的颜色是变亮还是变暗。若上一层的颜色比50%的灰色亮,则与下一层混合后图像变亮,否则变暗。若上一层存在黑色或白色区域,则混合图像的对应位置将产生明显较暗或较亮的区域,但不会产生纯黑色或纯白色。

强光:根据上一层颜色的灰度值确定混合后的颜色是变亮还是变暗。若上一层的颜色比50%的灰色亮,则与下一层混合后图像变亮,这对于向图像中添加高光非常有用。若上一层的颜色比50%的灰色暗,则与下一层混合后图像变暗,这对于向图像添加暗调非常有用。若上一层中存在黑色或白色区域,则混合图像的对应位置将产生纯黑色或纯白色。使用"强光"模式混合图像的效果与耀眼的聚光灯照在图像上的效果相似。

亮光:根据上一层颜色的灰度值确定是增加还是减小对比度以加深或减淡颜色。若上一层的颜色比50%的灰色亮,则通过减小对比度使下一层图像变亮;否则,通过增加对比度使下一层图像变暗。

线性光:根据上一层颜色的灰度值确定是降低还是增加亮度以加深或减淡颜色。若上一层的颜色比50%的灰色亮,则通过增加亮度使下一层图像变亮;否则,通过降低亮度使下一层图像变暗。

点光:根据上一层颜色的灰度值确定是否替换下一层的颜色。若上一层颜色比50%的灰色亮,则替换下一层中比较暗的像素,而下一层中比较亮的像素不改变;若上一层的颜色比50%的灰色暗,则替换下一层中比较亮的像素,而下一层中比较暗的像素不改变。

差值:对上下两层对应的像素进行比较,用比较亮的像素的颜色值减去比较暗的像素的颜色值,差值即为混合后像素的颜色值。若上层颜色为白色,则混合图像为下层图像的反相;若上层颜色为黑色,则混合图像与下层图像相同。同样,若下层颜色为白色,则混合图像为上层图像的反相;若下层颜色为黑色,则混合图像与上层图像相同。

排除:与"差值"模式相似,但混合后的图像对比度更低,因此整个画面更柔和。

色相:用下层颜色的亮度和饱和度及上层颜色的色相创建混合图像的颜色。

饱和度:用下层颜色的亮度和色相及上层颜色的饱和度创建混合图像的颜色。

颜色:用下层颜色的亮度及上层颜色的色相和饱和度创建混合图像的颜色。这样可以保留下层图像中的灰阶,这对单色图像的上色和彩色图像的着色都非常有用。

明度:用下层颜色的色相和饱和度以及上层颜色的亮度创建混合图像的颜色。

> **素质拓展专题** 图层混合模式常用于图像特效的处理,是比较复杂的功能,对于初学者而言,前期只需了解其功能原理即可,想要熟练使用它需要在实践操作中不断地积累经验,在实践中不断提高自己的认知。
>
> 实践决定认识,认识对实践有反作用,正确的认识、科学的理论对实践有指导作用。错误的认识、不科学的理论对实践有阻碍作用。
>
> 坚持实践第一的观点,重视科学理论的指导作用。坚持理论和实践相结合的原则。反对教条主义,反对思想僵化。辩证唯物主义认为,实践决定认识,实践是认识的基础。实践对认识的决定作用主要表现在以下几个方面。
>
> (1)实践是认识的来源。
> (2)实践是认识发展的动力。
> (3)实践是认识的目的。我们获取知识是为了更好地去运用知识,所以说认识最后还是要回归于实践,所谓"造烛为照明""求知为运用",探寻到了真理后是为了更好地去运用真理来改造世界。
> (4)实践是检验认识真理的唯一标准。
>
> 若想知道我们的认识是不是正确的,放到实践当中去检验一下就可以了。别人告诉我榴莲很好吃,我只有自己去吃一吃才能真的知道榴莲符不符合我的口味。可见,只有实践才能成为检验认识的标准。

3.4 图层样式

图层样式是创建图层特效的重要手段。Photoshop提供了多种图层样式,可创建投影、发光、浮雕、水晶和金属等各种具有逼真质感的特殊效果。PS图层样式及"样式"调板提供了更强的图层效果控制和更多的图层效果,为某一图层添加图层样式的方法有以下几种。

①在"图层"调板中双击该图层图标或其他区域(不要双击图层名称)。

②选中图层后,执行"图层"|"图层样式"命令。

③选中图层后,单击"图层"调板下方的"添加图层样式"按钮,在弹出的子菜单中选择相应的图层效果。以上三种方法均可以弹出"图层样式"对话框,如图3-3所示。

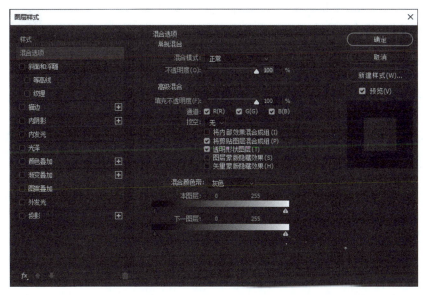

图 3-3 "图层样式"对话框

3.4.1 混合选项

如果不执行任何图层效果,可以通过"图层样式"对话框调节图层的透明度以及图层之间像素混合的效果。单击"图层样式"对话框左侧的"混合选项:默认"名称,将其选中,在右侧就会显示"常规混合"和"高级混合"两部分内容。

1. 常规混合

可在"混合模式"弹出的列表单中选择不同的图层混合模式,并可以通过输入数字或拖动三角滑块改变不透明度。此处的不透明度设定会影响图层中所有的像素。

2. 高级混合

①填充不透明度:改变填充不透明度只影响图层中原有的像素或图形,并不影响执行图层混合后带来的新像素。

②通道:选择不同的通道执行各种混合设定,当图像为 CMYK 模式时,可以看到 C、M、Y、K 四个通道选项。

③挖空:"挖空"选项用来设定穿透某图层是否能看到其他图层的内容。

④混合颜色带:打开"图层样式"对话框,在"混合颜色带"后面选择"混色"选项(此选项包括图像中所有的像素点)。当然也可以选择不同的通道。

"本图层"表示所选中的图层,"下一图层"表示处在所选图层下面的所有像素点。首先保持底层不变,拖动本图层的三角滑块,将"预览"选项选中。

"本图层"和"下一图层"后面的数字是以 0(黑)~255(白)来定义范围的。图像中像素点的像素值是 0~255 阶,纯黑色的像素值是 0 阶,纯白色的像素值是 255 阶。

使用"本图层"滑块指现用图层上将要混合的下面的可视图层像素范围。例如,如果将白色滑块拖到 235,则亮度值大于 235 的像素保持不混合,并且排除在最终图像之外。

使用"下一图层"滑块指定将在最终图像中混合的下面的可视图层的像素范围。混合的像素与现用图层中的像素组合生成复合像素,而未混合的像素透过现用图层的上层区域显示出来。例如,如果将黑色滑块移动到19,则亮度值低于19的像素值不混合,并将透过最终图像中的现用图像显示出来。

3.4.2 投影与内阴影

投影效果,即在图层像素内容背后添加阴影效果,打开"图层样式"中的"投影"和"内阴影"对话框,如图3-4和图3-5所示。

投影样式各项参数的解释如下。

混合模式:确定图层样式与当前层像素的混合方式。大多数情况下,默认模式将产生最佳的结果。单击右侧的颜色块,打开"拾色器"调板,选择阴影颜色。

不透明度:设置阴影的不透明度。

角度:设置光照方向。通过拖动圆周内的半径线或在右侧框内输入数值(范围为 – 360 ~ +360)可改变角度。

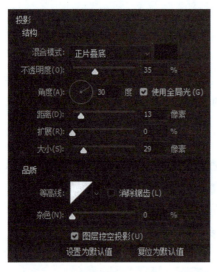
图 3-4 "图层样式"—"投影"对话框

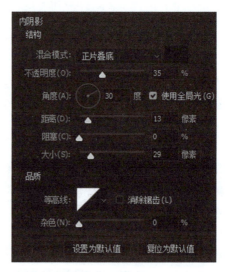
图 3-5 "图层样式"—"内阴影"对话框

使用全局光:勾选该复选框,可使当前图像上的所有图层样式的光照角度保持一致,以获得统一的光照效果。否则可为当前图层样式指定特定角度的灯光效果。

距离:设置阴影的偏移距离。在"图层样式"对话框打开的情况下,通过在图像窗口中拖动鼠标,可以更直观地调整灯光的角度和阴影偏移距离。

扩展:设置灯光强度及阴影的影响范围。

大小:设置阴影的模糊(或羽化)程度。

等高线:设置阴影的轮廓。可以从下拉列表中选择预设的等高线,也可以自定义等高线。

消除锯齿:勾选该复选框,可使阴影的轮廓线更平滑,消除锯齿效果。

杂色:添加一定的噪声效果,使阴影呈现颗粒状杂点效果。

图层挖空投影:当图层的填充为透明(通过"图层"调板右上角的"填充"选项设置)时,该选项控制与图像重叠区域的阴影的可视性。

"内阴影"效果可添加正好位于图层内容边缘内的阴影,使图层呈现凹陷效果。打开"图层样式"—"内阴影"对话框,其他参数的作用与投影样式的对应参数基本相同。

阻塞:增大数值可收缩内阴影边界,并使模糊度减小。

3.4.3 外发光与内发光

外发光与内发光样式可以在像素边缘的内侧或外围产生亮光或晕影效果。打开"图层样式"—"外发光"或"内发光"对话框,如图 3-6 所示。

外发光样式部分参数解释如下(其他参数的作用与前面类似)。

选择左侧单选按钮,可将外发光颜色设为单色(单击正方形色块选色);选择右侧单选按钮,则将外发光颜色设为渐变色(打开下拉列表选择)。

方法:设置外发光样式的光源衰减方式。

范围:设置外发光样式中等高线的应用范围。

抖动:使外发光样式的颜色和不透明度产生随机变动(适用于外发光颜色为渐变色,且其中至少包含两种颜色的情况)。

在内发光样式中,其他参数与外发光类似。

选中"边缘"单选按钮,内发光效果出现在像素的内侧边缘;选中"居中"单选按钮,效果出现在像素中心。

3.4.4 斜面和浮雕

使用斜面和浮雕样式可以制作各种形式的浮雕效果。在所有的预设图层样式中其功能最强大,参数设置也最为复杂。打开"图层样式"—"斜面和浮雕"对话框,如图 3-7 所示。

图 3-6 "图层样式"—"外发光"对话框

图 3-7 "图层样式"—"斜面和浮雕"对话框

"斜面和浮雕"对话框的部分参数的解释如下。

样式:指定斜面和浮雕的样式。其中"内斜面"在像素内侧边缘生成斜面效果;"外斜面"在像素外侧边缘生成斜面效果;"浮雕"以下层图像为背景创建浮雕效果;"枕状浮雕"创建将当前图层像素边缘压入下层图像的压印效果;"描边浮雕"将浮雕效果应用于像素描边效果的边界(若图层未添加描边样式,则看不到描边浮雕效果)。

方法:"平滑"稍微模糊浮雕的边缘使其变得更平滑;"雕刻清晰"用于消除锯齿形状的边界,使浮雕边缘更生硬清晰;"雕刻柔和"可产生比较柔和的浮雕边缘效果,对较大范围的边界更有用。

方向:通过改变光照方向确定是向上的斜面和浮雕效果,还是向下的斜面和浮雕效果

高度:指定光源的高度。

高光模式:指定高光部分的混合模式。通过右侧颜色块可选择高光颜色。

阴影模式:指定阴影部分的混合模式。通过右侧颜色块可选择阴影颜色。

不透明度:指定高光或阴影的不透明度。

在"图层样式"—"斜面和浮雕"对话框左窗格中还有"等高线"和"纹理"两个子选项。

选择"等高线"子选项,可在参数控制区设置等高线参数。

等高线:选择预设的等高线类型,或自定义等高线。不同的等高线将在斜面和浮雕效果的边缘形成不同的轮廓。

消除锯齿:勾选该复选框,可使轮廓线更平滑。

范围:用于调整轮廓线的位置。

选择斜面和浮雕样式的"纹理"子选项,其参数控制区如下所述。

图案:选择预设图案或自定义图案。

贴紧原点:单击该按钮,纹理图案将与图层像素左上角对齐。

缩放:调整纹理图案的大小。

深度:设置纹理效果的强弱程度。

反相:使纹理反相显示。

与图层链接:勾选该复选框,图案与图层建立链接,图案将与图层一起移动和变换(缩放、旋转、斜切、透视和扭曲等)。

3.4.5 光泽、叠加、描边

光泽在像素的边缘内部产生光晕或阴影效果,使之变得柔和。图像形状不同,光晕或阴影效果会有很大差别。其中参数设置与前面类似。

叠加包括颜色叠加、渐变叠加和图案叠加 3 种样式,分别用于在图层像素上叠加单色、渐变色和图案。

描边可在像素边界上进行单色、渐变色或图案 3 种类型的描边,从"填充类型"下拉列表中可选择描边的类型,比"编辑"|"描边"命令的功能更强大。

3.4.6 编辑图层样式

1. 在"图层"调板上显示和隐藏图层样式

添加图层样式后,"图层"调板上对应图层名称的右边出现图标,图层样式的名称处于显示状态,通过单击其中的三角形按钮,可隐藏或显示图层样式的名称。

2. 重设图层样式参数

在"图层"调板上将图层样式显示出来,双击图层样式的名称,重新打开"图层样式"对话框,修改其中参数,然后单击"确定"按钮。

3. 图层样式的复制与粘贴

图层样式的复制和粘贴是对多个图层应用相同或相近的图层样式的便捷方法。执行"图层"|"图层样式"|"复制图层样式"命令(或在图层上右击选择"复制图层样式"命令)。之后选中其他需要应用该样式的图层,执行"图层"|"图层样式"|"复制图层样式"命令(或在图层上右击选择"粘贴图层样式"命令),即可完成图层样式的复制与粘贴。

4. 将图层样式转换为图层

为了充分发挥图层样式的作用,有时需要将图层样式从图层中分离出来,形成独立的新图层。对该层进一步处理可创建图层样式无法达到的效果。

将图层样式转换为图层的方法如下。

选择已应用图层样式的图层,选择"图层"|"图层样式"|"创建图层"命令。

5. 删除图层样式

在"图层"调板上,拖动某一图层样式到"删除图层"按钮上可将单一的样式删除。如想整体删除,则在图层样式图标上右击,选择"清除图层样式"命令删除所有图层样式。

3.5 背景图层、中性色图层、智能对象

3.5.1 背景图层

背景图层是一个比较特殊的图层,从表面上观察,它位于"图层"调板的底部,并且"背景"二字为斜体。可以在背景层上绘画,甚至使用滤镜。但是,背景层的许多图层属性都是锁定的,无法更改。这些属性包括:排列顺序、不透明度、填充、混合模式等。另外,图层样式、图层蒙版、矢量蒙版、变换(包括缩放、旋转、扭曲、透视、斜切)等也不能用于背景层。解除这些"枷锁"的唯一方法就是将其转换为普通图层。方法如下。

在"图层"调板上,双击背景层缩览图,或者选择"图层"|"新建"|"背景图层"命令,在弹出的"新建图层"对话框中输入图层名称,单击"确定"按钮。

另一方面,如果图像中不存在背景层,选择"图层"|"新建"|"图层背景"命令,可将当前层转化为背景层,置于"图层"调板的底部。原图层的透明区域在转换后用当前背景色填充。

提示:使用橡皮擦工具擦除背景层,或按 Delete 键删除背景层选区内的像素时,被擦除区域或选区像素将以当前背景色取代。变换(缩小、旋转等)背景层选区内的图像时也会出现类似现象。

3.5.2 中性色图层

中性色图层也是一种很特殊的图层,如果不对它进行编辑修改,这类图层对其他层不会产生任何影响。通过在中性色图层上使用绘画工具或滤镜等操作可以为图像增加效果,并且不会破坏其他图层上的像素。所以,这种修饰图像的方式是一种值得推崇的非破坏性编辑方式。下面通过一个简单例子介绍中性色图层的创建与编辑方法。

打开一幅图像,在"图层"调板菜单中选择"新建图层"命令,打开"新建图层"对话框,首先在"模式"下拉列表中选择一种混和模式(例如选择"滤色"),然后勾选"填充屏幕中性色"复选框,单击"确定"按钮。

Photoshop 根据所选图层混合模式为新创建的中性色图层填充相应的中性色(例如黑色)。此时图像无任何变化。

选择"滤镜"|"渲染"|"镜头光晕"命令,打开"镜头光晕"对话框,单击"确定"按钮,滤镜效果添加到中性色图层上。

原图像上添加了滤镜效果,背景层数据没有受到任何破坏,甚至可以通过拖动中性色图层改变滤镜的位置。

提示:①变暗、正片叠底、颜色加深、线性加深和深色混合模式对应的中性色为白色。变亮、滤色、颜色减淡、线性减淡和浅色混合模式对应的中性色为黑色。叠加、柔光、强光、亮光、线性光和点光混合模式对应的中性色为 50% 灰色。②由于正常、溶解、实色混合、色相、饱和度、颜色和明度模式不存在中性色,因此无法创建这些混合模式的中性色图层。

3.5.3 智能对象

智能对象是一种新型的图层,其实质是嵌入到原始文档中的新文档;它是 Photoshop 继 CS2 版本之后进行非破坏性编辑的重要手段之一。

1. 创建智能对象

创建智能对象的常用方法有两种。第一种是将外部文件(Illustrator 文件、相机原始数据文件等)置入到 Photoshop 文件中,形成智能对象。以 Illustrator 外部文件为例,操作方法如下。

①在 Photoshop 中打开或新建要置入外部文件的图像。

②选择"文件"|"置入"命令将 Illustrator 外部文件置入到当前图像,生成新的图层,即智能对象。该图层以 Illustrator 文件名命名,图层缩览图的右下角有一个智能对象标志。

③在"图层"调板上双击智能对象图层的缩览图,可启动 Illustrator,对置入的外部文件进行修改,最后重新保存文件。Photoshop 中的智能对象将自动更新修改结果。

创建智能对象的第二种方法是在 Photoshop 中将图像的一个或多个图层转换为智能对象,操作方法如下。

①选择除背景层之外的任意图层。

②执行"图层"|"智能对象"|"转换为智能对象"命令(或右击选择)。

③双击智能对象图层的缩览图,弹出 Photoshop 提示框,单击"确定"按钮,打开一个 PSB 格式的新文件。其文件名以智能对象图层的名称命名,其中保留着原始文档中将图层转换为

智能对象之前的全部参数设定。

④完成对 PSB 文件的修改与保存。

2. 编辑智能对象

综上所述,智能对象保留着原始数据的全部信息设定。双击智能对象图层的缩览图,按提示进行操作,可修改智能对象的内容。另外,也可以将智能对象作为一个整体进行非破坏性编辑修改,如复制、变换、修改不透明度和图层模式、添加图层样式、添加滤镜(添加在智能对象上的滤镜称为智能滤镜)等。下面重点介绍智能对象的复制与变换。

(1) 创建智能对象的副本

在"图层"调板上,将智能对象图层的缩览图拖动到"创建新图层"按钮上,得到智能对象的副本图层,它与原智能对象存在着链接关系。编辑修改其中任何一个智能对象,与之链接的其他智能对象都将同步更新。

(2) 变换智能对象

对基于像素的位图图像进行缩放、旋转等变换操作,势必将损失图像的原始信息,使画面变得模糊。频繁的变换,将导致图像质量的严重下降。但是,智能对象却可以进行非破坏性变换。因此,只要在变换前将图像转换为智能对象,即可解决上述问题。

总之,智能对象可以使图像的编辑处理更加简便,并且具有相当的可逆性。

但是,有些操作(如绘画、调色等)不能直接作用于智能对象,尽管可以通过选择"图层"|"智能对象"|"栅格化"命令将其栅格化之后再进行操作,但是这样就破坏了智能对象,使之不能再作为智能对象进行编辑修改。解决这个问题的最好办法是在智能对象图层上面创建中性色图层或调整层,将不能作用于智能对象的操作施加在中性色图层上,或借助调整层对智能对象进行颜色调整。

3.6 文 字 图 层

3.6.1 创建文字图层

最后输出的图像上的所有信息通常都是像素化的。在图像上加入文字后,文字也应该是由像素组成的,和图像具有相同的分辨率,和图像一样放大后会有锯齿。但是 PS 保留了文字的矢量轮廓,可在缩放文字、调整文字大小、存储 PDF 或 EPS 文件或将图层输出到 PostScript 打印机时使用这些矢量信息,生成的文字可产生清晰的不依赖于图像分辨率的边缘。

将文字输入后,必须设定文字的属性,文字的属性包括字符属性和段落属性。字符属性指的是文字的字体、样式、大小及字距等,段落属性指的是段落的缩放、排列、对齐、定位点等。

1. 创建文字

在工具箱中选择文字工具,然后在图像上单击鼠标,出现闪动的插入光标,此时可直接输入文字。在文字右侧有闪动插入光标时,表示当前文字处于输入状态。

工具箱中共包含 4 种文字工具,当使用横排文字工具时,表示输入水平文字;当使用直排文字工具时,表示输入垂直文字,当在图像上单击后,在"图层"调板中会自动创建相应的文字图层。

当使用横排文字蒙版工具时，在图像中单击，同样会出现插入光标，但整个图像会被蒙上一层半透明的红色蒙版，相当于快速蒙版状态，此状态下可直接输入文字，并对字体进行各种编辑和修改，单击工具箱中的其他工具，蒙版状态的文字转变为浮动的文字选框，相当于创建的文字形选区。当使用直排文字蒙版工具时，表示创建垂直的文字选区。

如果要改变字体、字号等，可在插入光标状态下拖动鼠标，将文字选中，然后在文字工具的选项栏中进行修改。当然，也可以将各项属性设定完成后再输入文字。

输入文字后，在"图层"调板中可以看到生成了一个新的文字图层，在图层前有一个 T 形字母图标，表示当前的图层是文字图层，并且会自动按照输入的文字命名新建的文字图层。

提示： 在 PS 中，不能为多通道、位图、索引颜色模式的图像创建文字图层，因为这些模式不支持图层。在这些图像模式中，文字显示在背景上无法编辑。

文字图层是随时可以再度编辑的。直接用文字工具在图像中的文字上拖动，或双击"图层"调板中文字图层上的 T 形图标，都可以将文字选中，然后通过文字工具选项栏或"字符与段落"调板进行修改。

用文字工具在图像中单击可将文字工具置于编辑状态。文字工具处于编辑状态时，可以输入并编辑字符，但其他大部分菜单命令无法选择。如果在工具选项栏中看到"取消所有当前编辑"与"提交所有当前编辑"两个图标时，说明文字工具处于编辑状态。此时，单击"取消所有当前编辑"（或按 Esc 键）可以取消当前的文字输入，同时取消文字的编辑状态；单击"提交所有当前编辑"（或按 Ctrl + Enter 键）确认当前的操作，同时也取消文字的编辑状态。

2. 改变文字颜色

首先将文字选中（两种方法），单击工具箱中的前景色，在弹出的"拾色器"对话框中选择新的颜色。或直接在"颜色"或"色板"调板中设定颜色，同时也可以使用填充快捷键。

工具选项栏中的颜色块也是用来设定文字颜色的，单击此色块，弹出"拾色器"对话框进行选色。此外，"字符"调板中也可以设定文字的颜色。

如果文字不在编辑状态，选中文字图层后，单击文字工具选项栏中的颜色块，或在"字符"调板中单击颜色块，在弹出的"拾色器"对话框中选色，可改变当前文字图层中所有文字的颜色。

提示： 当前工具箱中的前景色改变时，文字工具选项栏中的颜色也随之改变，但选项栏中的颜色块的改变并不影响工具箱中的前景色。

3. 点文字与段落文字

在 PS 中有两种输入文字的方式。一种是如前面所述的输入少量文字、一个字或一行字符，这种文字被称为"点文字"；另一种是输入大段的需要换行或分段的文字，被称为"段落文字"。

点文字是不会自动换行的，可通过 Enter 键使之进入下一行。段落文字具备自动换行功能。下列两种方法用来创建段落文字。

①选择文字工具并在图像上拖动，松开鼠标后会创建段落文字框。

②按住 Alt 键的同时单击，在弹出的"段落文字大小"对话框中输入高度和宽度，单击"确定"按钮创建一个指定大小的段落文字框。

提示：在"段落文字大小"对话框中定义文字框大小的单位是由"编辑"|"预设"|"单位与标尺"命令弹出的对话框中的关于"文字"后面的弹出项来控制的。

生成的段落文字框有8个把手可控制文字框的大小和旋转方向，当创建完文字框后，在左上角会有闪动的文字输入光标，可以直接输入文字，也可以从其他软件中复制文字粘贴过来。用鼠标拖动文字框的把手可缩小文字框，但不影响文字框内文字的各项设定，只是放不下的文字会被隐含，文字框右下角把手变为"田"字形，表明还有文字没有显示出来。

按住Ctrl键的同时拖动文字框四角的把手，不仅可以缩放文字框大小，同时也可以缩放文字，如果加按Shift键，就会等比例缩放。按住Ctrl键的同时，将鼠标放在文字框各边框中心的边框把手上拖动，可使文字框发生倾斜变形，如加按Shift键，可限制变形的方向。此外，在不按任何键的情况下，当鼠标移动到文字框的任何一个把手上时都会变成双向箭头，拖动鼠标，就可旋转文字与文字框。

点文字与段落文字可以相互转换。如果一个点文字转换为段落文字，首先要在"图层"调板中选中要转换的点文字图层，然后执行"图层"|"文字"|"转换为段落文本"命令；反之，则选择"转换为点文本"命令。

4. 文字的字符属性

文字输入完成后或是在文字编辑的过程中都可以改变文字的属性。

执行"窗口"|"字符"命令，或是在文字工具选项栏中单击显示字符与段落调板按钮都可以调出"字符"调板，如图3-8所示。

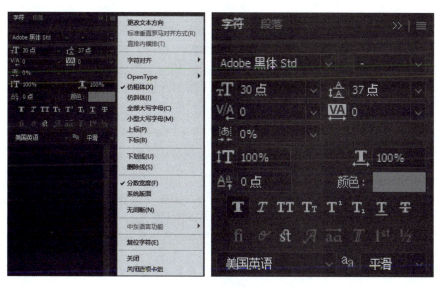

图3-8 "字符"调板及选项菜单

"字符"调板弹出式菜单中的命令，一部分和"字符"调板下部的一行图标表示的内容相同，按照图标从左到右的顺序分别为：仿粗体(模拟粗体的效果)、仿斜体(模拟斜体的效果)、全部大写字母、小型大写字母、上标、下标、下划线以及删除线等。下面详细讲解"字符"调板中的其他设定项。

① 显示与更换当前所用字体。

②设定字形。当选择某些特定字体后,在此处可选择粗体或斜体等字形。

③字体大小。字体大小通常以"点(Pt)"来表示,若要设定字体大小,先选择文字或文字图层,然后直接在此栏内选择或输入数值。

④行距。行距是指两行文字之间的基线距离。基线是一条不可见的直线,文字大部分位于基线上面。调整行距需要选择文字或文字图层,然后在行距栏内输入或选择数值。

⑤缩放比例。缩放比例用于改变文字的宽度与长度比例,选择文字或文字图层,在垂直或水平比例栏输入或选择数值可以改变文字的缩放比例。

⑥调整比例间距。比例间距按指定的百分比数值减少字符周围的空间。

⑦字距。字距是指两个相邻文字之间的距离,通过此栏可以调整字距。

⑧字距微调。字距微调是增加或减少特定文字之间间距的过程。可以手动控制字距微调,也可以使用自动字距微调。

⑨基线位移。基线位移栏中的数字控制文字与文字基线的距离,可以使选择的文字随设定的数值上下移动。

⑩颜色。选择文字后,可以为文字设定颜色,不过文字不能被填充渐变或图案(只有将文字图层转化为普通图层后才能进行渐变或图案填充)。

⑪设定字典。可在弹出菜单中选择不同语种的字典。主要用于连字的设定(换行的时候在何处用分隔符),并可进行拼写检查。

⑫消除锯齿。在此处弹出的菜单中可选择不同的消除字体锯齿边缘的方法(从主菜单中选择"图层"|"文字"|"消除锯齿"命令,或在文字工具选项栏中选择相应的弹出菜单)。消除锯齿命令会在文字边缘自动填充一些像素,使文字与背景和谐相融。

素质拓展专题　汉字的产生

汉字是世界上使用时间最久、空间最广、人数最多的文字之一,汉字的创制和应用不仅推进了中华文化的发展,还对世界文化的发展产生了深远的影响。大约在距今六千年的半坡遗址等地方,已经出现刻划符号,共达五十多种。

关于汉字的产生,历史学界有三种说法。

(1)汉字是由伏羲发明的,因为伏羲发明了八卦,而文字是从八卦演变来的。

(2)汉字起源于结绳记事,结绳记事是从神农氏开始的。因此,认为汉字最早是由神农创造的。

(3)黄帝的史官仓颉创造的。八卦起源说已经被多数专家所否认。八卦虽然也是一种信息符号,但它的含义至今仍然弄不清楚。它的基本符号,横与断横与后来的甲骨文和金文在形体上相去甚远,不可能是他们的先导。

中华民族是一个伟大的民族,中华文明也是最独特的文明。世界上所有的国家中,只有我们中国的文化是始终没有间断过地传承下来,也只有我们的"汉字"是世界上唯一的古代一直演变过来没有间断过的文字形式。从大约公元前14世纪,殷商后期的"甲骨文"被认为是"汉字"的第一种形式,直到今天,各种字体纷纷诞生。

提示:当创建网络文字时,需要考虑到消除锯齿会大大增加图像的颜色数量,从而增加文件的大小,并可能导致文字边缘出现杂色。当文件大小和限制颜色数量是最重要的因素时,就不用考虑锯齿边缘因素。

5. 文字的段落属性

所谓段落是指末尾带有回车的任何范围的文字。对于点文字,每行是一个单独的段落。对于段落文字,一段可能有多行。

通常情况下,"字符"调板和"段落"调板在一起出现。打开"段落"调板,关于文字段落的各项设定都可以通过此调板来实现,如图 3-9 所示。

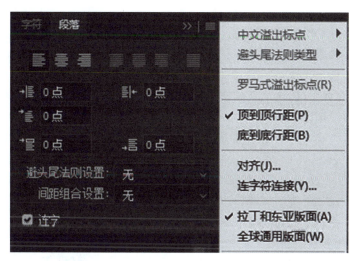

图 3-9 "段落"调板及选项菜单

(1) 段落对齐

PS 中的"段落"调板可以设定不同的段落排列方式,在调板中第一排图标从左到右分别表示文字:左对齐、居中对齐、右对齐、末行左对齐、末行居中齐、末行右对齐、左右全部对齐等。

(2) 段落缩进及段前段后间距

段落缩进用来指定文字与边框之间的距离,同时,缩进只影响选中的段落。段落缩进的选项有:左缩进、右缩进、首行缩进。

段前间距和段后间距用来设定段落之间的距离。

(3) 文字编排方法

PS 提供两种文字编排方法:Adobe 单行书写器和 Adobe 多行书写器。

在"段落"调板右上角弹出菜单中选择连字和对齐选项,其设置将影响各行的水平间距和文字在页面上的美感。连字选项确定是否可以连字,对齐选项确定字、字母和符号的间距。

多行书写器为连续多行设想一套断点,并由此优化段落中位于前面的行,并消除后面行中可能出现的不美观连字。

单行书写器提供一种逐行编排文字的传统编排方法。

此外,在"段落"调板菜单中还可设定悬挂标点功能。

3.6.2 修改文字图层

1. 文字变形

文字图层中的文字可以通过"变形"选项进行不同形状的变形。值得注意的是,有两种情况文字图层是不能执行"变形"命令的,一种是文字图层中的文字只有点阵字而没有字型字,另一种是文字图层中的文字执行了"伪粗体"命令。

当文字图层执行了"变形"操作后,段落文字的边框就不能像正常的文字块那样进行变形。执行变形操作的步骤如下所述。

①输入文字,设置完成,生成新的文字图层。

②选择文字图层执行"文字"|"文字变形"(或右击图层选择"文字变形"命令)弹出"变形文字"对话框,如图 3-10 所示。

在该对话框中可以进行 15 种变形样式的设定;"水平"、"垂直"用来设定变形的中心轴的方向;"弯曲"用来设定文本的变形程度;"水平扭曲"用来设定水平方向的变形程度;"垂直扭曲"用来设定垂直方向的变形程度。

③设定完成后,单击"确定"按钮,将设定应用到当前编辑的文字中可看到文字变形效果,如果对效果不满意,可以再度进行编辑。

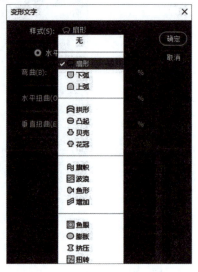

图 3-10 "变形文字"对话框

2. 文字转换

创建文字图层后,可以更改文字方向,可以在点文字与段落文字之间转换,可以像处理普通图层那样进行移动、排放、复制,可以更改文字图层的图层选项,也可以对文字图层做以下更改并且仍能编辑文字。

①执行"编辑"|"变换"命令,"透视"和"扭曲"除外。

提示:若要应用"透视"和"扭曲"命令,或要对文字图层中的某一部分执行"变换"命令,必须执行"图层"|"栅格化"|"文字"命令栅格化文字图层,使文字无法编辑。

②使用图层样式。

③使用填充快捷键。

④对文字执行文字弯曲变形操作。

- 文字图层转换为普通图像图层。

在 PS 软件中,可以将文字图层转换为普通图像图层以便执行滤镜等专项操作。

首先在"图层"调板中选中文字图层,然后执行"图层"|"栅格化"|"文字"命令,或在文字图层上右击,选择"栅格化文字"选项,此时文字图层变为像素信息构成的普通图像图层,不能再进行文字编辑,但文字图层所用的图层样式不受影响。此时可以执行普通图像图层所适合的命令。

- 文字图层转换为工作路径或形状。

选中文字图层后,执行"图层"|"文字"|"创建工作路径"命令,或在文字图层上右击,选

择"栅格化文字"选项,可以看到在文字上生成了与文字相对应的路径,此时可根据路径进行相应编辑。

选中文字图层后,执行"图层"|"文字"|"转化为形状"命令,在"图层"调板中可以看到文字图层转变成了形状图层。此时可根据形状图层进行相应编辑。

3. 在路径上放置文字

运用路径绘制工具创建路径后,可将文本沿路径走向输入。路径没有与之关联的像素。可以将其想象为文字的模板或引导线。具体操作如下。

①选择适当的工具绘制路径。

提示:当使用钢笔或直线工具创建路径时,文字将沿着绘制路径的方向排列,当到达路径的末尾时,文字会自动换行。如果从左至右绘制路径,则可以获得正常排列的文字。如果从右至左绘制路径,则会得到反向排列的文字。

②在"字符"调板中选择字体和文本的其他文字属性。

③调整指针位置,将"I"型光标的基线置于路径之上,然后单击,这时路径上会出现一个插入点。

④输入所需的文本。

⑤获得满意的文本后,按 Ctrl + Enter 键加以确认即可。

4. 文字图层效果

文字图层和其他图层一样可以执行"图层样式"中定义的各种效果,也可以使用"样式"调板中存储的各种样式。而且这些效果在文字进行像素化或矢量化之后,仍然保留,并不受影响。

素质拓展专题 通过对图层的学习,我们可以感受到 PS 软件在操作过程中的逻辑思路。 同时,也应意识到想要完成一项图像处理或设计工作需要缜密的规划和严谨的步骤。 大家知道我们国家的建设规划是怎样的吗?

《中华人民共和国国民经济和社会发展第十四个五年规划和2035年远景目标纲要》

指导思想:高举中国特色社会主义伟大旗帜,深入贯彻党的十九大和十九届二中、三中、四中、五中全会精神,坚持以马克思列宁主义、毛泽东思想、邓小平理论、"三个代表"重要思想、科学发展观、习近平新时代中国特色社会主义思想为指导,全面贯彻党的基本理论、基本路线、基本方略,统筹推进经济建设、政治建设、文化建设、社会建设、生态文明建设的总体布局,协调推进全面建设社会主义现代化国家、全面深化改革、全面依法治国、全面从严治党的战略布局,坚定不移贯彻创新、协调、绿色、开放、共享的新发展理念,坚持稳中求进工作总基调,以推动高质量发展为主题,以深化供给侧结构性改革为主线,以改革创新为根本动力,以满足人民日益增长的美好生活需要为根本目的,统筹发展和安全,加快建设现代化经济体系,加快构建以国内大循环为主体、国内国际双循环相互促进的新发展格局,推进国家治理体系和治理能力现代化,实现经济行稳致远、社会安定和谐,为全面建设社会主义现代化国家开好局、起好步。

专栏 1 "十四五"时期经济社会发展主要指标

类别	指 标	2020 年	2025 年	年均/累计	属性
经济发展	1. 国内生产总值(GDP)增长(%)	2.3	—	保持在合理区间、各年度视情提出	预期性
	2. 全员劳动生产率增长(%)	2.5	—	高于GDP增长	预期性
	3. 常住人口城镇化率(%)	60.6*	65	—	预期性
创新驱动	4. 全社会研发经费投入增长(%)	—	—	>7、力争投入强度高于"十三五"时期实际	预期性
	5. 每万人口高价值发明专利拥有量(件)	6.3	12	—	预期性
	6. 数字经济核心产业增加值占GDP比重(%)	7.8	10	—	预期性
民生福祉	7. 居民人均可支配收入增长(%)	2.1	—	与GDP增长基本同步	预期性
	8. 城镇调查失业率(%)	5.2	—	<5.5	预期性
	9. 劳动年龄人口平均受教育年限(年)	10.8	11.3	—	约束性
	10. 每千人口拥有执业(助理)医师数(人)	2.9	3.2	—	预期性
	11. 基本养老保险参保率(%)	91	95	—	预期性
	12. 每千人口拥有3岁以下婴幼儿托位数(个)	1.8	4.5	—	预期性
	13. 人均预期寿命(岁)	77.3*	—	[1]	预期性
绿色生态	14. 单位GDP能源消耗降低(%)	—	—	[13.5]	约束性
	15. 单位GDP二氧化碳排放降低(%)	—	—	[18]	约束性
	16. 地级及以上城市空气质量优良天数比率(%)	87	87.5	—	约束性
	17. 地表水达到或好于Ⅲ类水体比例(%)	83.4	85	—	约束性
	18. 森林覆盖率(%)	23.2*	24.1	—	约束性
安全保障	19. 粮食综合生产能力(亿吨)	—	>6.5	—	约束性
	20. 能源综合生产能力(亿吨标准煤)	—	>46	—	约束性

注:①[ ]内为5年累计数。②带*的为2019年数据。③能源综合生产能力指煤炭、石油、天然气、非化石能源生产能力之和。④2020年地级及以上城市空气质量优良天数比率和地表水达到或好于Ⅲ类水体比例指标值受新冠肺炎疫情等因素影响,明显高于正常年份。

必须遵循的原则:
坚持党的全面领导;
坚持以人民为中心;
坚持新发展理念;
坚持深化改革开放;
坚持系统观念。

主要目标:经济发展取得新成效;改革开放迈出新步伐;社会文明程度得到新提高;生态文明建设实现新进步;民生福祉达到新水平;国家治理效能得到新提升。

3.7 案 例 专 题

抽象插画的绘制

1. 项目要求

①以"城市夜景"为主题。

②A4规格图像文件,分辨率200ppi,RGB,8位,白色背景;图像立意鲜明、风格独特。

③画面构图完整、色彩搭配合理;抽象形态特色鲜明、细节表现合理。

2. 项目分析

抽象插画力图运用最简单的图形来形象表现直观的场景和画面,在项目初期,应侧重画面的创意及构思,找准风格定位。

①主题场景确定及细节事物甄选。依据主题将想象到的符合主题的事物标示出来。在本项目中,细节性事物可以包括楼房、街道、汽车、路灯、月亮、星光、不同亮度的窗户、深色的背景、起飞的飞机等。

②草图的绘制。针对以上构思,绘制相应的草图,在草图中应适度结合构图关系及色彩搭配原理,同时配合抽象图像的描绘及归纳,把具体的形象利用草图形式体现出来。

③宾主关系。在构图中要宾主分明,有主次,不能平均对待。包括画面位置的安排,色彩的处理,笔墨的变化。既不能"宾主不分",也不能"主客倒置",更不可"喧宾夺主"。但宾的部分也不能忽视,因为宾的部分处理适当,将有助于主体形象的鲜明与突出。

④虚实关系。在构图中物象的具体表现不外乎有无、多少、疏密、聚散、争让、详略、松紧、浓淡、干湿、轻重等。虚与实是处理构图层次的重要方法,好的构图,必须充分地考虑好虚实关系。无论是景物与花鸟的分布,还是笔墨浓淡、详略、干湿等关系的处理,都存在着"虚实"问题。虚实关系的关键在于虚的处理。初学者往往只注意"实",而不敢用"虚"。只实不虚,则味道单薄。虚实并用,才显得丰满和富于变化。水落才能石出,有虚才能带实。

⑤纵横关系。在构图上纵横关系是针对一些大的运动线而说的。过去也有人在构图变化上提出所谓"之"字形,在西洋的构图学里叫"S"形。从辩证法的高度去看,都可以叫做"纵横"关系。无纵不成横,反之也一样。这是常用的构图形式之一。

⑥开合关系。这是较抽象的对立统一关系。"开"表示展开,"合"表示终结。开合方向相背,不可相对,也不可相等。

3. 项目制作

①建立图像。新建210 mm×297 mm文件,可根据实际草图需求创建横幅或竖幅画面,分辨率为200ppi,RGB,8位,白色背景,名称可命名为"抽象插画",如图3-11所示。

②背景的绘制。新建图层,在新图层上填充蓝色或蓝紫色背景,以体现城市夜景的整体色调,为了以后图层分组具备条理性,可为背景图层起名为"夜景背景",如图3-12所示。

图 3-11　建立图像

图 3-12　背景的绘制

③绘制前景街道,在图像下方 1/4 处建立参考线,以找准前景街道大体位置,利用矩形选框建立选区。新建图层,填充灰色街道,取消选区,并取名为"街道",如图 3-13 所示。

④绘制实线。新建图层,利用选框工具在街道的中间偏下位置绘制整条实线,填充灰白色,取消选区,取名为"实线",绘制实线时需掌握实线的位置、宽度及颜色,由于是夜景,所以灰白色不宜过亮,如图 3-14 所示。

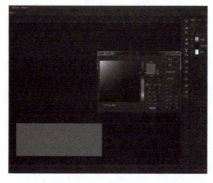
图 3-13　绘制前景街道

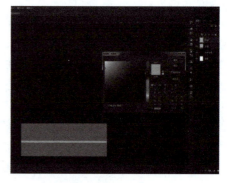
图 3-14　绘制实线

⑤绘制虚线。为保留与实线相同的宽度和颜色,按 Ctrl + J 键复制"实线"图层,利用 Shift + ↑键使复制的"实线拷贝"图层向上移动一段距离,按 Ctrl + T 键进行由右向左方向的缩放,按 Enter 键确定,让实线的复制层变化为等宽虚线的一段,并取名为"虚线",如图 3-15 所示。

图 3-15　绘制虚线

⑥将最上一层利用 Shift + →键水平移至画面最右侧,利用 Shift 键全部选中所有"虚线相

关图层",执行移动工具选项栏中的"按右分布",上下两层不动,中间8层会以相同距离分布于两层之间,如图3-16所示。

⑦绘制1号楼房背景。在街道上方新建图层,利用矩形选框绘制合适的选区,并填充蓝绿色,取消选区,取名为"楼房1背景",如图3-17所示。

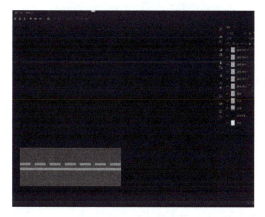
图3-16　分布各层

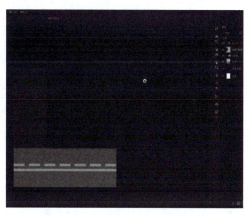
图3-17　绘制1号楼房背景

⑧绘制1号楼房窗户。新建图层,利用矩形选框工具创建合适大小的窗户,并填充亮黄色,取消选区,取名为"窗户",同时利用排列"虚线街道"的相同方法,进行横向排列,如图3-18所示。

⑨把移动工具选项栏中的"自动选择"|"图层"复选框选中,按住Shift键在窗口中任意同时选取合适的几块窗户,点选图层调板上方的"锁定透明区域"按钮,使这几个图层的透明区域不变,在拾色器中选取黑灰色,逐一对上锁的图层按Alt+Delete键进行填色,形成个别窗户不亮的效果,执行结束后按住Ctrl键同时选中,把这几个图层的锁定状态取消,如图3-19所示。

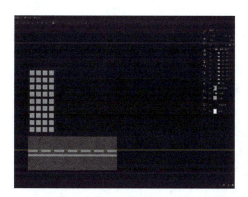
图3-18　绘制1号楼房窗户

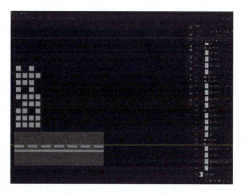
图3-19　个别窗户不亮

⑩利用相同方法绘制2号楼房与3号楼房,可根据实际情况直接复制1号楼房组,并利用Ctrl+T键进行自由变换,并排列布置好窗户位置及颜色,同时为使每个楼房的窗户排列更加自然,可以对2号楼与3号楼分别执行"编辑"|"变换"|"水平翻转"与"垂直翻转",在所

有楼房绘制完成后,统一归组为"楼房",如图 3-20 所示。

⑪绘制车身。新建图层,利用椭圆选框工具在合适位置绘制合适大小的椭圆,并填充红色,取消选区,如图 3-21 所示。

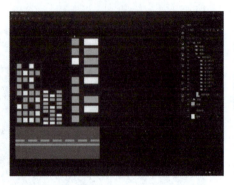
图 3-20　绘制 2 号楼房与 3 号楼房

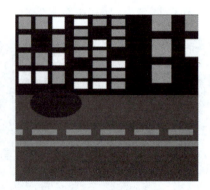
图 3-21　绘制车身

⑫将红色椭圆图层利用 Ctrl+J 键复制 2 次,并把两个复制后的椭圆分别置于原先椭圆的两侧,同时使前方略长一些,后方略短一些。在三个椭圆下方建立一个矩形选区,保持矩形选区不动,依次点选三个椭圆图层,分别按 Delete 键删除三个椭圆中矩形选区内的像素,形成车身的抽象形态,如图 3-22 所示。

⑬绘制轮胎及轮眉。新建图层,利用 Shift 键绘制一个合适位置与大小的正圆选区,填充黑色,将黑色圆形图层复制,保证复制层位置不动,针对复制层按 Ctrl+T 键执行自由变换,之后按住 Shift+Alt 键向外拖动完成复制层的中心等比例缩放,使复制层比原黑圆图层略大,调整好后,按 Enter 键确定。之后利用 Ctrl+单击图层图标获得选区的操作,获得大黑圆图层的选区,在三个车身图层上分别按 Delete 键删除该选区内的像素,完成一个轮眉与轮胎的绘制,为使视觉效果更加清晰,可在"图层"调板上方将大黑圆图层的不透明度临时调整为 30%。最后将复制出来的大黑圆水平移至车头部分,准备前方轮眉的绘制,如图 3-23 所示。

图 3-22　车身抽象形态

图 3-23　绘制轮胎与轮眉

⑭绘制车窗。新建图层,利用矩形选框在顶以下合适位置与车前机盖与车身交界处的垂

直距离间绘制一个贯通车身的矩形选框,该矩形选框应比车身略长,之后填充暗灰色,填色结束后应及时取消选区,如图 3-24 所示。

⑮利用 Ctrl + 单击图层图标获得中部车身的选区,按 Ctrl + Shift + I 键执行反选,在暗灰色图层上删除该选区内的像素,获得整体车窗的形态,取消选区。利用矩形选框工具在合适位置绘制一个小的纵向矩形,在车窗图层上按 Delete 键删除该选区内的像素,完成后暂时不要取消选区,在选中创建选区工具的前提下,水平移动选框,在车窗前部同样删除部分像素,形成 B 柱与 C 柱的间隔形态,总体完成后取消选区并存储文件完成车窗的绘制,如图 3-25 所示。

图 3-24　填充车窗

图 3-25　绘制车窗

⑯绘制车灯。新建图层,在车头前方的合适位置绘制一个正圆形选区,并填充与车身相同的红色(此颜色可用吸管吸取车身颜色为前景色并填充),完成后取消选区,如图 3-26 所示。

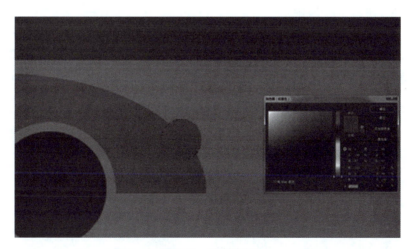
图 3-26　绘制车灯

⑰按 Ctrl + J 键复制该红色圆形图层,单击"图层"调板上方的"锁定透明区域"按钮,选取明黄色直接按 Alt + Delete 键进行填充,填充结束后应及时取消该图层的锁定透明状态,按

Ctrl + T 键将明黄色正圆收缩变形为垂直的椭圆,并摆好位置,明黄色椭圆应摆放在红色正圆前方并略微突出,如图 3-27 所示。

⑱绘制车灯灯光效果。新建图层,选择矩形选框工具,在车灯前方合适位置绘制一个与车灯高度相同,长度稍长的矩形选区,并填充与车灯相同的明黄色,取消选区,将此图层的不透明度调整为 30%。对透明光线图层按 Ctrl + T 键执行自由变换,之后按住 Ctrl 键,分别将前端的两个节点调整至与地面向适应的透视方向,如图 3-28 所示。

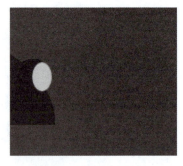

图 3-27　填充车灯颜色

图 3-28　绘制车灯灯光效果

⑲利用多边形套索工具在灯光右侧绘制一个选区(注意选区左侧边缘应与灯光边缘平行),按 Shift + F6 键,为这个选区羽化,数值为 10,在灯光图层上按 Delete 键,为灯光的末端制作羽化散射效果,如图 3-29 所示。

⑳复制灯光组,向后上方移动一定距离,并把该组移至车身组下方。将两组灯光组同时再次复制,执行"编辑→变换→水平翻转"命令,并移至车尾合适位置。将车尾部的两组透明灯光层的不透明度调节为 20%。最后调整四组灯管与车身的上下位置关系,完成灯光的绘制,如图 3-30 所示。

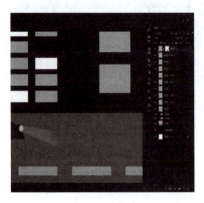

图 3-29　羽化

图 3-30　完成灯光绘制

至此,抽象插画的效果和氛围就大致完成了。当然,也可以利用图层、选区等综合技术,运用上述思路添加诸如"大客车""月亮与星空""路灯""行人"等其他元素。本案例主要考察图层的基础操作,包括选区与图层的综合应用,画面中的每一个元素都要独立进行图层的分组管理。

> **素质拓展专题** 通过对"城市夜景"主题插画的绘制,同学们使自己的作品充满城市气息的色彩氛围。 由此我们来引申了解一下我国的城镇化进程。
>
> 中国城镇化进程即中国农村转化成城市的过程。从19世纪下半叶,到20世纪中叶,由于受到世界列强的侵略,以及受到军阀割据的困扰,导致中国城镇化的发展不均衡。自20世纪50年代中期以后建立了城乡二元分割的社会结构,使得城镇化长期处于停滞状态。改革开放以后,中国城镇化进程才明显加快。如何依照可持续发展理论,积极稳妥地推进城镇化进程,是21世纪中国必须面对的一个重大课题。
>
> 党的十六大以来,中国城镇化发展迅速,2002年至2011年,中国城镇化率以平均每年1.35个百分点的速度发展,城镇人口平均每年增长2 096万人。2011年,城镇人口比重达到51.27%,比2002年上升了12.18个百分点,城镇人口为69 079万人,比2002年增加了18 867万人;乡村人口65 656万人,减少了12 585万人。2017年末,城镇常住人口8.1亿人,常住人口城镇化率58.52%,2021年末,我国常住人口城镇化率为64.72%,比2020年提高0.83个百分点。
>
> 改革开放以来,中国城市化政策的变化,主要体现在两个方面,一是由过去实行城乡分隔,限制人口流动逐渐转为放松管制,允许农民进入城市就业,鼓励农民迁入小城镇;二是确立了以积极发展小城镇为主的城市化方针。

第 4 章　绘图修饰及色彩调整

4.1　绘图工具

4.1.1　绘图工具的设置

工具外形的设置步骤如下。

选择"编辑"|"首选项"|"光标"命令,弹出"首选项"对话框,如图 4-1 所示。

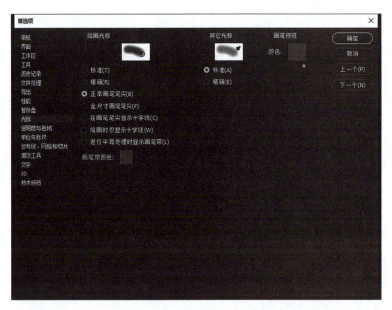

图 4-1　"首选项"对话框

"绘画光标"选项栏:可以选择不同的绘画工具光标形状。

"标准"选项:可使绘画工具的图标与工具箱中的相同。

"精确"选项:使工具光标呈十字形。

"正常画笔笔尖"选项:光标形状显示轮廓对应于该工具将影响到区域的大约 50%,选择的笔尖越粗,绘画光标就越大。

"全尺寸画笔笔尖"选项:光标形状显示轮廓对应于该工具将影响的区域的几乎 100%。

"在画笔笔尖显示十字线"复选框:可在画笔形状的中心显示出一个十字线。此选项不能应用于"标准"和"精确"选项。

此外,还可以用键盘上的 Caps Lock 键来进行不同光标间的切换。

"绘画光标"选项:用于控制画笔工具、铅笔工具、修复工具、橡皮擦工具、图章工具等绘图工具。

"其他光标"选项:用于控制选框工具、套索工具、魔棒工具、裁剪工具、切片工具、修补工具、钢笔工具、渐变工具等。

4.1.2 笔类工具组

1. 画笔工具

(1) 设置画笔参数

选择画笔工具,其工具选项栏参数如图 4-2 所示。

图 4-2 画笔工具选项栏

画笔预设选取器:单击打开画笔预设选取器,从中选择预设的画笔笔尖形状,并可更改预设画笔笔尖的大小和硬度。

模式:可选择当前画笔颜色以指定的颜色混合模式应用到图像上,默认选项为"正常"。

不透明度:设置画笔的不透明度,取值范围为 0%~100%。

流量:设置画笔的颜色涂抹速度,取值范围为 0%~100%。

喷枪:选择该按钮,将画笔当作喷枪使用,可以通过点按鼠标的时间来实现扩散喷洒的效果。

切换"画笔设置"调板:单击该按钮,打开"画笔设置"和"画笔"调板,从中预设画笔或创建自定义画笔。也可以通过选择"窗口"|"画笔"命令打开"画笔设置"或"画笔"调板,如图 4-3 所示。调板的参数设置如下。

画笔笔尖形状:设置画笔笔尖形状的详细参数,包括形状、大小、翻转、角度、圆度、硬度和间距等。

形状动态:通过画笔笔尖的大小抖动、最小直径、角度抖动、圆度抖动、最小圆度和翻转等选项,设置绘画过程中笔尖形状的动态变化情况。

散布:设置绘制的画笔中笔迹的数目和位置。

纹理:利用图案作为笔尖形状,绘制带有纹理效果的画笔。

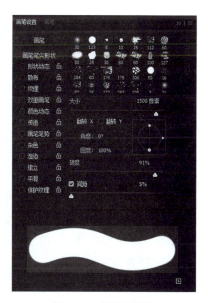

图 4-3 "画笔"调板

双重画笔:使用两个笔尖创建画笔笔迹。首先在"画笔"调板的"画笔笔尖形状"选项部分设置主画笔;然后在"画笔"调板的"双重画笔"选项部分设置辅助画笔。

颜色动态:设置绘画过程中画笔颜色的动态变化。

传递:调整不透明度和流量抖动,设置绘画过程中画笔颜色的变化。
杂色:使绘画产生颗粒状溶解效果。对于软边界画笔和透明度较低的画笔,效果更明显。
湿边:在画笔的边缘增大油彩量,产生类似水彩画的效果。
建立:使画笔产生喷枪的效果,与选项栏中的按钮功能相同。
平滑:使绘制的线条产生更平滑的曲线效果。
保护纹理:使所有的纹理画笔采用相同的图案和缩放比例。

(2)自定义画笔

"自定义画笔"功能可以将选定的图像定义为画笔笔尖。

①打开素材。
②选择要定义为画笔的图像。
③选择"编辑"|"定义画笔预设"命令,弹出"画笔名称"对话框。
④在对话框中输入画笔的名称,单击"确定"按钮。
⑤在画笔预设选取器中选择定义好的画笔。
⑥设置前景色,在新建图像(或已经打开的图像)上单击绘画。

(3)载入特殊形状画笔

画笔预设选取器不仅可以使用标准的圆形画笔笔尖,还可以选择多种特殊形状的画笔。

在默认设置下,画笔预设选取器中并未显示出 Photoshop 自带的所有特殊形状的画笔,使用时需要载入其他特殊形状画笔。

①单击画笔预设选取器右上角的选项按钮,展开选取器菜单。
②从菜单底部一栏中选择特殊形状画笔组的名称,弹出对话框。
③单击"确定"按钮,新画笔将取代画笔预设选取器中的原有画笔。
④单击"追加"按钮,新画笔将追加在画笔预设选取器中原有画笔的后面。

> **知识拓展专题** 画笔预设选取器菜单
>
> 在画笔预设选取器调板菜单中,使用"复位画笔"命令可将其中的画笔恢复为初始状态,使用"删除画笔"命令可将选中的画笔从画笔预设选取器中删除。

2. 铅笔工具

铅笔工具可利用前景色绘制硬边线条,其参数设置及用法与画笔工具类似。

在铅笔工具的选项栏上勾选"自动抹掉"复选框,使用铅笔工具绘画时,若起始点像素的颜色与当前前景色相同,则使用当前背景色绘画,否则仍使用当前前景色绘画。

3. 颜色替换工具

颜色替换工具用于将前景色快速替换图像中的特定颜色,其选项栏的参数如图 4-4 所示。

图 4-4 颜色替换工具选项栏

画笔:用于设置画笔笔尖的大小、硬度、间距、角度、圆度等参数。

模式:设置画笔模式,使当前画笔颜色以指定的颜色混合模式应用到图像上。默认选项为"颜色",仅影响图像的色调与饱和度,不改变亮度。

取样:包含"连续""一次"和"背景色板"三个选项,用于确定颜色取样的方式。"连续"选项使工具在拖动过程中不断地对颜色取样。"一次"选项将首次单击点的颜色作为取样颜色。"背景色板"选项只替换包含当前背景色的像素区域。所谓"取样颜色",即图像中能够被前景色替换的区域的颜色。

限制:有"不连续""连续"和"查找边缘"3个选项。"不连续"选项替换图像中与"取样颜色"匹配的任何位置的颜色。"连续"选项仅替换与"取样颜色"位置邻近的连续区域内的颜色。"查找边缘"选项类似"连续"选项,只是能够更好地保留被替换区域的轮廓。

容差:用于确定图像的颜色与"取样颜色"接近到什么程度时才能被替换。较低的取值下,只有与"取样颜色"比较接近的颜色才能被替换;较高的取值能够替换更广范围内的颜色。

消除锯齿:勾选该复选框,可以使图像中颜色被替换的区域获得更平滑的边缘。

4. 历史记录画笔工具

历史记录画笔工具用于将选定的历史记录状态或某快照状态绘制到当前图层,其选项栏的参数设置与画笔工具相同。

5. 历史记录艺术画笔工具

使用指定的历史记录状态或快照状态,利用色彩上不断变化的笔画簇,以风格化描边的方式进行绘画,同时颜色迅速向四周沉积扩散,达到印象派绘画的效果。选择历史记录艺术画笔工具,其选项栏如图 4-5 所示。其中"画笔"、"不透明度"选项的设置与画笔工具相同。

图 4-5 历史记录艺术画笔工具选项栏

模式:类似画笔工具的对应选项。不同的模式影响笔画样式和笔画沉积速度。

样式:用于确定笔画簇中各个笔画的大小和形状。包括"绷紧短""绷紧中""绷紧长"等多种不同的模式。

区域:指定绘画描边覆盖的区域大小。值越大,覆盖的区域越大,描边的数量也越多。取值范围为 0~500 像素。分辨率高的图像需要设置更大的值。

容差:限定允许绘画的区域。

> **素质拓展专题** PS 软件的历史记录画笔可以记录画笔的历史状态,我国的悠久历史同样也在诸多史籍中记录在案,它们见证了我国悠久的文明与发展进程。
>
> 中国历史,从夏朝算起,有近 4 100 年历史;从中国第一个统一的朝代秦朝算起,约有 2 241 年。
>
> 史前时期的有巢氏、燧人氏、伏羲氏、神农氏(炎帝)、黄帝(轩辕氏)被尊为中华人文始祖。约公元前 2070 年,夏朝出现;商朝时出现了已知中国最早的成熟文字——甲骨文;西周时社会进一步发展,春秋战国时生产力提高,思想百家争鸣。公元前 221 年,秦始皇建立了中国历史上第一个中央集权封建国家——秦朝;西汉与东汉时进一步巩固和发展了大一统的局面,汉字基本定型。三国两晋南北朝时期,中国进入分裂割据局面。

> 隋唐五代时期，经济繁荣、科技发展，文化影响广泛。武周时期，因"大周万国颂德天枢"的营建而使国际地位达到顶峰。辽宋夏金元时期，多元文化交融，经济、科技发展到新的高度。明朝时，经济取得发展，明末江南地区出现"资本主义萌芽"。
>
> 19世纪中期，清朝时期鸦片战争后中国开始沦为半殖民地半封建社会。1911年辛亥革命爆发，推翻了帝制，确立了共和政体，中华民国成立。袁世凯死后，中国进入军阀割据混乱时期。北伐战争后中国国民党在名义上统一中国。1931年日本策动九一八事变，1937年开始全面侵华，1945年抗日战争取得胜利。
>
> 解放战争后，中华人民共和国于1949年成立。

4.1.3 橡皮擦工具组

橡皮擦工具组包括橡皮擦工具、背景橡皮擦工具和魔术橡皮擦工具，主要用于擦除图像的颜色。

1. 橡皮擦工具

橡皮擦工具在不同类型的图层上擦除图像时，结果是不同的。

① 在背景图层上擦除时，被擦除区域的颜色被当前背景色取代。

② 在普通图层上擦除时，可将图像擦除为透明色。

③ 在透明区域被锁定的图层上擦除时，将包含像素的区域擦除为当前背景色。

选择橡皮擦工具，其选项栏如图4-6所示。其中多数选项的设置与画笔工具相同。

图4-6 橡皮擦工具选项栏

模式：设置擦除模式，有"画笔""铅笔"和"块"3种。

抹到历史记录：将图像擦除到指定的历史记录状态或某个快照状态。

2. 背景橡皮擦工具

无论在普通图层还是在背景图层上，使用背景橡皮擦工具都可将图像擦除到透明。背景橡皮擦工具的选项栏如图4-7所示，其中参数大多与颜色替换工具类似。

图4-7 背景橡皮擦工具选项栏

背景橡皮擦工具可以在擦除背景的同时保留不同颜色物体的边缘。通过定义不同的取样方式和容差值，可以控制边缘的透明度。背景橡皮擦工具在画笔的中心取色，同时不受中心以外其他颜色的影响。另外，它还对物体的边缘进行颜色提取，所以当物体被粘贴到其他图像上时边缘不会有光晕出现。

提示：背景橡皮擦不受"图层"调板上锁定图层透明区域的影响。使用背景橡皮擦工具后原来的背景图像自动转化为普通图层。

保护前景色：勾选该复选框，可禁止擦除与当前前景色匹配的区域。

3. 魔术橡皮擦工具

使用魔术橡皮擦工具可擦除指定容差范围内的像素,其选项栏如图 4-8 所示,其中参数大多与魔棒工具类似。

图 4-8　魔术橡皮擦工具选项栏

消除锯齿:勾选该复选框,可使擦除区域的边缘更平滑。
与橡皮擦工具、背景橡皮擦工具的某些功能类似,魔术橡皮擦工具也有以下特点。
(1)在背景图层上擦除的同时,背景图层转化为普通图层。
(2)在透明区域被锁定的图层上擦除时,将包含像素的区域擦除为当前背景色。

4.1.4　填充工具组

填充工具组包括油漆桶工具和渐变工具,用于填充单色、图案或渐变色。

1. 油漆桶工具

油漆桶工具用于填充单色或图案,其选项栏如图 4-9 所示。

图 4-9　油漆桶工具选项栏

填充类型:包括"前景"和"图案"两种。选择"前景"(默认选项),使用当前前景色填充图像;选择"图案",可从弹出的图案选取器中选择某种预设图案或自定义图案进行填充。
模式:指定填充内容以何种颜色混合模式应用到要填充的图像上。
不透明度:设置填充颜色或图案的不透明度。
容差:控制填充范围。容差越大,填充范围越广。取值范围为 0~255,系统默认值为 32。容差用于设置待填充像素的颜色与单击点颜色的相似程度。
消除锯齿:勾选该复选框,可使填充区域的边缘更平滑。
连续的:默认选项,作用是将填充区域限定在与单击点颜色匹配的相邻区域内。
所有图层:勾选该复选框,将基于所有可见图层的合并图像填充到当前层。
重要提示:通过"编辑"|"自定义图案"命令可以自定义图案进行填充,用于定义图案的选区必须为矩形选区,不能羽化,也不能圆角化,否则无法定义。

2. 渐变工具

渐变工具用于填充各种过渡色,如果不创建选区,渐变工具将作用于整个图像。此工具的使用方法是按住鼠标左键拖动,形成一条直线,直线的长度和方向决定了渐变的区域和方向,拖动鼠标的同时按住 Shift 键可保证鼠标的方向是水平、垂直或 45°。选择渐变工具,其选项栏如图 4-10 所示。

图 4-10　渐变工具选项栏

单击图标右侧的向下箭头按钮,可打开"预设渐变色"调板,如图 4-11 所示,从中选择所需渐变色。

图 4-11　"预设渐变色"调板

单击向下箭头左侧的矩形渐变区域,则打开"渐变编辑器"对话框,如图 4-12 所示,可对当前选择的渐变色进行编辑或定义新的渐变色。其中各选项的作用如下。

预设:提供 Photoshop 预设的渐变填色类型(同"预设渐变色"调板)。

名称:显示所选渐变色的名称,或命名新创建的渐变色。

渐变类型:包含"实底"(默认选项)和"杂色"两种。若选择"杂色"选项(右侧),可根据指定的颜色生成随机分布的杂色渐变。

平滑度:控制渐变的平滑程度。百分比数值越高,渐变效果越平滑。

渐变色控制条:控制渐变填充中不同位置的颜色和不透明度。单击选择控制条上的不透明度色标,从"色标"栏可修改相应区域的不透明度和位置。单击选择控制条下的色标,从"色标"栏可修改该区域的颜色和位置。在渐变色控制条的上方或下方单击,当出现小手的图标时,可添加不透明度色标或色标。选择不透明度色标或色标后,将其拖出渐变控制条可删除色标。

在渐变编辑器右侧有 5 种渐变类型按钮,从左向右依次是线性渐变、径向渐变、角度渐变、对称渐变和菱形渐变。

模式:设置当前渐变的颜色混合模式。

不透明度:设置渐变色的不透明度。

反向:反转渐变填充的颜色。

仿色:使渐变色形成更平缓的过渡效果。

图 4-12　"渐变编辑器"对话框

透明区域:使渐变中的不透明度设置生效。

4.2 修 饰 工 具

Photoshop 主要的修饰工具包括图章工具组、修复画笔工具组、模糊工具组和减淡工具组等。

4.2.1 图章工具组

图章工具组包括仿制图章工具和图案图章工具,用于复制图像。图章工具首先在源图像中取样,然后通过拖动鼠标将取样图像复制到目标区域。

1. 仿制图章工具

仿制图章工具选项栏如图 4-13 所示。

图 4-13 仿制图章工具选项栏

对齐:复制图像时无论一次起笔还是多次起笔都是使用同一个取样点和原始样本数据。否则,每次停止并再次开始拖动鼠标时都是重新从原取样点开始复制,并且使用最新的样本数据。

样本:确定从哪些可见图层进行取样,包括"当前图层"(默认选项)、"当前和下方图层"和"所有图层"3 个选项。

忽略调整图层:选择该按钮,可忽略调整层对被取样图层的影响。关于调整层可参阅蒙版部分的相关内容。

> **知识拓展专题** "仿制源"调板
>
> "仿制源"调板与仿制图章工具配合使用可以定义多个采样点(就好像 Word 有多个剪贴板内容一样),并提供每个采样点的具体坐标,还可以对采样图像进行重叠预览、缩放、旋转等操作。

2. 图案图章工具

图案图章工具可以使用图案选取器中提供的预设图案或自定义图案进行绘画,其选项栏与仿制图章工具类似。

印象派效果:勾选该复选框,能够产生具有印象派绘画风格的图案效果。

图案图章工具的操作要点如下。

①选择图案图章工具,从选项栏上选择合适的画笔大小。

②打开图案选取器,选择预设图案或自定义图案(关于图案的定义方法,可参考填充工具组)。

③在图像中拖动鼠标,使用选取的图案绘画。

4.2.2 修复画笔工具组

修复画笔工具组包括修复画笔工具、污点修复画笔工具、修补工具和红眼工具等。

1. 修复画笔工具

修复画笔工具用于修复图像中的瑕疵或复制局部对象。与仿制图章工具类似,该工具可将从图像或图案取样得到的样本,以绘画的方式应用于目标图像。不仅如此,修复画笔工具还能够将样本像素的纹理、光照、透明度和阴影等属性与所修复的图像进行匹配,使修复后的像素自然融入图像的其余部分。修复画笔工具的选项栏如图 4-14 所示。

图 4-14　修复画笔工具选项栏

源:选择样本像素,有"取样"和"图案"两种选择。

取样:从当前图像取样。操作方式与仿制图章工具相同。

图案:选中该单选按钮后,可单击右侧的三角按钮,打开图案选取器,从中选择预设图案或自定义图案作为取样像素。

其他选项与仿制图章工具的对应选项类似。

2. 污点修复画笔工具

污点修复画笔工具可以快速清除图像中的污点和其他不理想部分,其使用方式与修复画笔工具类似。使用图像或图案中的样本像素进行绘画,并将样本像素的纹理、光照、透明度和阴影与所修复的像素相匹配。与修复画笔工具不同,污点修复画笔工具不要求指定取样点,它能够自动从所修饰区域的周围取样。

污点修复画笔工具的选项栏如图 4-15 所示。

图 4-15　污点修复画笔工具选项栏

类型:选择样本像素的类型,包括"近似匹配"和"创建纹理"两种。

近似匹配:使用选区边缘周围的像素修补选定的区域。

创建纹理:使用选区中的所有像素创建一个用于修复该区域的纹理。

其他选项与修复画笔工具的对应选项类似。

> **知识拓展专题　污点修复画笔工具使用要点**
>
> 使用污点修复画笔工具时应注意以下两点:①所选画笔大小应该比要修复的区域稍大一点,这样只需在要修复的区域上单击一次即可修复整个区域,且修复效果比较好;②如果要修复较大面积的图像,或需要更大程度地控制取样像素,最好使用修复画笔工具,而不是污点修复画笔工具。

3. 修补工具

修补工具可用于通过使用其他区域的像素或图案中的像素来修复选中的区域。和修复画笔工具一样,修补工具可将样本像素的纹理、光照和阴影等信息与源像素进行匹配。修补工具的选项栏如图 4-16 所示。

图4-16 修补工具选项栏

选区运算:与选择工具的对应选项的用法相同。
修补:包括"源"和"目标"两种方式。
源:用目标像素修补选区内像素。
目标:用选区内像素修补目标区域的像素。
透明:将取样区域或选定图案以透明方式应用到要修复的区域上。
使用图案:单击右侧的菜单按钮,打开图案选取器,从中选择预设图案或自定义图案作为取样像素,修补到当前选区内。

(1)修补工具的基本用法:源修补
①打开图像。
②选择修补工具,在图像上拖动鼠标以选择想要修复的区域(也可以使用其他工具创建选区),并在选项栏中选中"源"单选按钮。
③如果需要的话,使用修补工具及选项栏上的选区运算按钮调整选区(也可以使用其他工具——比如套索工具)。
④将光标定位于选区内,将选区边框拖动到要取样的区域。松开鼠标按键,原选区内像素被修补,取消选区。

(2)修补工具的基本用法:目标修补
①打开图像。
②选择修补工具,在图像上拖动鼠标以选择要取样的区域,在选项栏中选中"目标"单选按钮。
③如果需要的话,使用修补工具及选项栏上的选区运算按钮调整选区。
④将光标定位于选区内,拖动选区,覆盖住想要修复的区域,松开鼠标,完成图像的修补,取消选区。

> **知识拓展专题 修补工具使用要点**
>
> ①如果想要使修补区域与被修补区域达到相应的透明融合效果,可以点选修补工具选项栏上的"透明"选项。
> ②在修补之前创建完选区后,修补工具选项栏中的"使用图案"按钮就变成可选项。在弹出的"图案"调板中选择图案,然后单击"使用图案"按钮,图像中的选区就会被填充上所选择的图案。此外,还可以通过"选择"|"羽化"命令给选区设定羽化值,以达到融合填充的目的。

4. 红眼工具

在光线较暗的房间里拍照时,由于闪光灯使用不当等原因,人物相片上容易产生红眼(即闪光灯导致的红色反光)。使用 Photoshop 的红眼工具可轻松地消除红眼。另外,红眼工具也可以消除用闪光灯拍摄的动物照片中的白色或绿色反光。

瞳孔大小：设置修复后瞳孔的大小。
变暗量：设置修复后瞳孔的暗度。

4.2.3 模糊锐化工具组

模糊锐化工具组包括模糊工具、锐化工具和涂抹工具。

1. 模糊工具

模糊工具常用于柔化图像中的硬边缘，或减少图像的细节，降低对比度。其选项栏部分参数如下。

强度：设置画笔压力。数值越大，模糊效果越明显。

对所有图层取样：勾选该复选框，使用所有可见图层中的数据进行模糊处理。否则，仅使用现有图层中的数据。

2. 锐化工具

锐化工具常用于锐化图像中的柔边，或增加图像的细节，以提高清晰度或聚焦程度。其选项栏部分参数如下。

强度：设置画笔压力。数值越大，锐化效果越明显。

对所有图层取样：勾选该复选框，使用所有可见图层中的数据进行锐化处理。否则，仅使用现有图层中的数据。

3. 涂抹工具

涂抹工具可以模拟在湿颜料中使用手指涂抹绘画的效果。在图像上涂抹时，该工具将拾取涂抹开始位置的颜色，并沿拖动的方向展开这种颜色。该工具常用于混合不同区域的颜色或柔化突兀的图像边缘。其选项栏部分参数如下。

强度：设置画笔压力。数值越大，涂抹效果越明显。

对所有图层取样：勾选该复选框，使用所有可见图层中的颜色数据进行涂抹。否则，仅使用当前图层中的颜色。

手指绘画：勾选该复选框，使用当前前景色进行涂抹。否则，使用拖动时光标起点处图像的颜色进行涂抹。

4.2.4 加深减淡工具组

加深减淡工具组包括减淡工具、加深工具和海绵工具，其主要作用是改变像素的亮度和饱和度，常用于数字相片的颜色矫正。

1. 减淡工具与加深工具

减淡工具的作用是提高像素的亮度，主要用于改善数字相片中曝光不足的区域。加深工具的作用是降低像素的亮度，主要用于降低数字相片中曝光过度的高光区域的亮度。使用减淡工具和加深工具改善图像的目的一般是为了增强暗调或高光区域的细节。减淡工具或加深工具的选项栏如图 4-17 所示。

范围：确定调整的色调范围，有"阴影""中间调"和"高光"3 种选择。阴影：将工具的作用范围定位于图像中较暗的区域，其他区域影响较小。中间调：将工具的作用范围定位在介于暗调与高光之间的中间调区域,其他区域影响较小。高光:将工具的作用范围定位于图像中的高亮区域,其他区域影响较小。

图 4-17 减淡工具选项栏

曝光度:设置工具的强度。取值越大,效果越显著。

2. 海绵工具

海绵工具的选项栏如图 4-18 所示。

图 4-18 海绵工具选项栏

模式:确定更改颜色的方式,有"加色"和"去色"两个选项。
加色:增加图像的色彩饱和度。
去色:降低图像的色彩饱和度。
流量:设置工具的强度。取值越大,效果越显著。

4.3 色彩调整

4.3.1 颜色模式的转换

为了在不同的场合下正确地输出图像,或者为了方便图像的编辑修改,常常需要转换图像的颜色模式。

当图像由一种颜色模式转换为另一种颜色模式时,图像中每个像素点的颜色值将被永久性地更改,这可能对图像的色彩表现造成一定的影响。因此,在转换图像的颜色模式时,应注意以下几点:

① 尽可能在图像原有的颜色模式下完成对图像的编辑,最后再做模式转换。
② 在转换模式之前务必保存包含所有图层的原图像的副本,以便日后必要时还能够根据图像的原始数据进行编辑。
③ 当模式更改后,不同混合模式的图层间的颜色相互作用也将更改。因此,模式转换前应拼合图像的所有图层。

转换图像颜色模式的一般方法是:在"图像"|"模式"子菜单中直接选择所需的颜色模式命令,完成转换。

4.3.2 基本调色命令

1. 亮度/对比度

打开图像,选择"图像"|"调整"|"亮度/对比度"命令,弹出"亮度/对比度"对话框,如图4-19所示。

"亮度"滑动条向右拖动滑块增加亮度,向左拖动降低亮度。"对比度"滑动条向右拖动滑块增加对比度,向左拖动降低对比度。也可以直接在"亮度"或"对比度"数值框内输入数值(范围都是－100～＋100)调整图像的亮度和对比度。

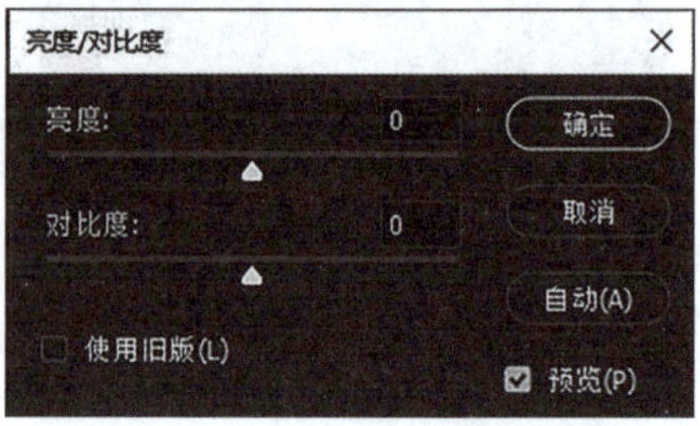

图4-19 "亮度/对比度"对话框

2. 色彩平衡

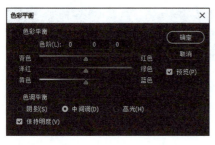

图4-20 "色彩平衡"对话框

选择"图像"|"调整"|"色彩平衡"命令,弹出"色彩平衡"对话框,如图4-20所示。

"色彩平衡"对话框的操作要点如下。

① 选择阴影、中间调和高光选项中的一个,以确定要着重更改的色调范围。默认选项为"中间调"。

② 选中"保持明度"复选框,可以防止图像的亮度值随色彩平衡的调整而改变。该选项可以保持图像的色调平衡。

③ 沿"青色"—"红色"滑动条向右拖动滑块,以增加红色的影响范围,减小青色的影响范围。向左拖动滑块则情况相反。

④ "洋红"—"绿色"滑块及"黄色"—"蓝色"滑块的调整类似。上述调整的结果数值将实时显示在"色阶"后面的3个数值框内。也可以直接在数值框内输入数值(取值范围都是－100～＋100)调整图像的色彩平衡。

3. 色相/饱和度

"色相/饱和度"命令用于调整整个图像或图像中单个颜色成分的色相、饱和度和亮度。此外,使用其中的"着色"复选框还可以将RGB图像处理成双色调图像或为黑白图像上色。

打开图像,选择"图像"|"调整"|"色相/饱和度"命令,打开"色相/饱和度"对话框,如图4-21所示。

图4-21 "色相/饱和度"对话框

勾选对话框中的"着色"复选框,此时,对话框最底部的颜色条变为单色。同时,"编辑"下拉列表框默认选择"全图"选项,不能更改,表示此时只允许对选区内图像进行整体调色。

沿"色相"滑动条左右拖动滑块修改选区内图像的色相(取值范围为－180～＋180)。沿

"饱和度"滑动条向右拖动滑块增加饱和度,向左拖动降低饱和度(取值范围为-100~+100)。沿"明度"滑动条向右拖动滑块增加亮度,向左拖动降低亮度(取值范围为-100~+100)。

"色相/饱和度"对话框中的吸管工具简介如下。

"吸管工具":使用该工具在图像中单击,可将颜色调整限定在与单击点颜色相关的特定区域。

"添加到取样":使用该工具在图像中单击,可扩展颜色调整范围(在原来颜色调整区域的基础上,加上与单击点颜色相关的区域)。

"从取样中减去":使用该工具在图像中单击,可缩小颜色调整范围(从原来颜色调整区域中减去与单击点颜色相关的区域)。

4. 色阶(Ctrl+L)

"色阶"是 Photoshop 最为重要的颜色调整命令之一,用于调整图像的暗调、中间调和高光等区域的强度级别,校正图像的色调范围和色彩平衡。尽管使用"色阶"命令调色不如使用"曲线"命令那样精确,但这种方法通常会产生更好的视觉效果。

打开图像,选择"图像"|"调整"|"色阶"命令,打开"色阶"对话框,如图 4-22 所示。

该对话框的中间显示的是当前图像的直方图(如果有选区存在,则对话框中显示的是选区内图像的直方图)。

提示:直方图即色阶分布图,可以在此了解图像中暗调、中间调和高光等色调像素的分布情况。其中横轴表示像素的色调值,从左向右取值范围为0(黑色)~255(白色)。纵轴表示像素的数目。

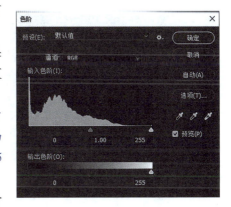

图 4-22 "色阶"对话框

首先通过"通道"下拉列表框确定要调整的是混合通道还是单色通道。

"色阶"对话框的操作要点如下。

选中对话框中的"预览"复选框,当前图像窗口将实时反馈对色阶调整的最新结果,以便对不当的色阶调整做出及时的更正。

沿"输入色阶"栏的滑动条向左拖动右侧的白色三角滑块,图像变亮。在"输入色阶"栏中,拖动滑动条中间的灰色三角滑块,可以调整图像的中间色调区域。向左拖动中间调变亮,向右拖动使中间调变暗。在"输入色阶"栏中,通过向左、中、右3个数值框中输入数值,可分别精确地调整图像的暗调、中间调和高光区域的色调平衡。三者的取值范围从左向右依次为0~253、0.1~9.99 和 2~255。

沿"输出色阶"栏的滑动条向右拖动左端的黑色三角滑块,将提高图像的整体亮度,向左拖动右端的白色三角滑块,将降低图像的整体亮度。也可以通过在左、右两个数值框内输入数值,调整图像的亮度,两个数值框的取值范围都是0~255。

实际上,在使用"色阶"命令时,往往"输入色阶"与"输出色阶"同时调整,才能得到更满意的色调效果。

使用对话框中的吸管工具调整图像的色调平衡。从左向右依次是设置黑场吸管工具、设置灰场吸管工具和设置白场吸管工具。

①选择设置黑场吸管工具(该工具按钮反白显示),在当前图像中某点单击,则图像中所有低于该点亮度值的像素全都变成黑色,图像变暗。

②选择设置白场吸管工具,在当前图像中某点单击,则图像中所有高于该点亮度值的像素全都变成白色,图像变亮。

③选择设置灰场吸管工具,在当前图像中某点单击,Photoshop将用单击点像素的亮度值调整整个图像的色调。

若想重新设置对话框的参数,可按住Alt键不放,此时对话框的"取消"按钮变成"复位"按钮,单击该按钮即可。

5. 曲线

"曲线"命令可以像"色阶"命令那样对图像的高光、暗调和中间调进行调整,而且可以调整0～255色调范围内的任意点。同时,使用"曲线"命令还可以对图像中的单个颜色通道进行精确的调整。

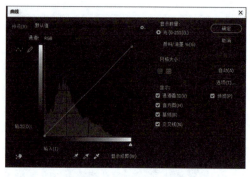

图4-23 "曲线"对话框

打开图像,选择"图像"|"调整"|"曲线"命令,弹出"曲线"对话框,如图4-23所示。

通过"通道"下拉列表框确定要调整的通道(混合通道或单色通道)。

在对话框中的曲线图表中,水平轴表示输入色阶(像素原来的亮度值),竖直轴表示输出色阶(新的亮度值)。初始状态下,曲线为一条45°的对角线,表示曲线调整前当前图像上所有像素点的输入值和输出值相等。

> **知识拓展专题** "曲线"命令调整色彩的使用要点
>
> 对于RGB图像,默认设置下曲线水平轴从左向右显示0(暗调)～255(高光)之间的亮度值。但对于CMYK图像,曲线水平轴从左向右显示0(高光)～100(暗调)之间的百分数。单击对话框左下角的"曲线显示选项"按钮,可扩展对话框参数,对曲线图表做更细致的设置。

"曲线"对话框的操作要点如下:

①在图像窗口中拖动,"曲线"对话框中将显示当前指针位置像素点的亮度值及其在曲线上的对应位置。使用这种方法能够确定图像中的高光、暗调和中间色调区域。

②按住Alt键,在对话框的网格区域内单击,可使网格变得更精细。再次按住Alt键单击网格区域,可以恢复大的网格。

③默认设置下,对话框采用曲线工具调整曲线形状。在曲线上单击,添加控制点,确定要调整的色调范围。曲线上最多可添加14个控制点。

④向上拖动控制点,使曲线上扬,对应色调区域的图像亮度增加。向下弯曲,亮度降低。

⑤选中一个控制点后,在对话框左下角的"输入"和"输出"文本框内输入适当的数值,可精确改变图像指定色调区域的亮度值。

⑥要删除一个控制点,可将其拖出图表区域,或选中控制点后按 Delete 键。在"曲线"对话框中,还可以通过选择铅笔工具绘制随意曲线,调整图像的色调。

4.3.3 其他调色命令

1. 可选颜色

"可选颜色"命令用于调整图像中红色、黄色、绿色、青色、蓝色、白色、中灰色和黑色各主要颜色中四色油墨的含量,使图像的颜色达到平衡。因此比较适合 CMYK 图像的色彩调整,但同样也适用于 RGB 图像等的颜色校正。

"可选颜色"命令在改变某种主要颜色中四色油墨的含量时,不会影响到其他主要颜色的表现。例如,可以改变红色像素中四色油墨的含量,而同时保持黄色、绿色、白色、黑色等像素中四色油墨的含量不变。

打开图像,选择"图像"|"调整"|"可选颜色"命令,打开"可选颜色"对话框,如图 4-24 所示。

从"颜色"下拉列表中选择要调整的颜色(选项包括红色、黄色、绿色、青色、蓝色、洋红、白色、中性色和黑色等)。沿各滑动条拖动滑块,改变所选颜色中四色油墨的含量,直到满意为止。

在"可选颜色"对话框的底部,有两种油墨含量的增减方法。"相对":按照总量的百分比增减

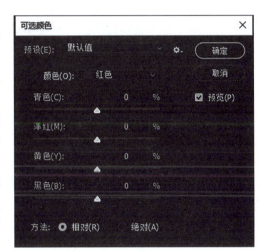

图 4-24 "可选颜色"对话框

所选颜色中青色、洋红、黄色或黑色的含量。"绝对":按绝对数值增减所选颜色中青色、洋红、黄色或黑色的含量。

2. 替换颜色

"替换颜色"命令通过调整色相、饱和度和亮度参数将图像中指定的颜色替换为其他颜色。实际上相当于"色彩范围"命令与"色相/饱和度"命令的结合使用。

打开图像,选择"图像"|"调整"|"替换颜色"命令,打开"替换颜色"对话框,如图 4-25 所示。

在"选区"选项栏中单击选中吸管工具,将光标移至图像窗口中,在图像上选取任意色单击,选取要替换的颜色。此时,在对话框的图像预览区,白色表示被选择的区域,黑色表示未被选择的区域,灰色表示部分被选择的区域。

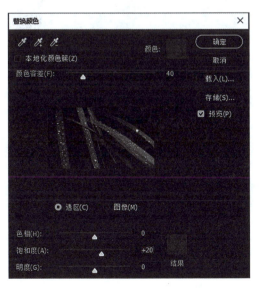

图 4-25 "替换颜色"对话框

拖动"颜色容差"滑块或在滑动条右侧的文本框内输入数值(取值范围为0~200),可调整被选择区域的大小。向右拖动滑块扩大选区,向左拖动则减小选区。

选择添加到取样工具,在图像中未被选中的其他色调区域单击,可以把这部分区域添加到所选区域中去。同样,使用从取样中减去工具可以把不要替换的颜色所在的区域从当前选区中减掉。

勾选对话框中的"预览"复选框。在"替换"栏中调整色相、饱和度和亮度值,此时可将颜色设置为想要的颜色。

在对话框中若选中"图像"单选按钮,则图像预览框中可以预览到原始图像,将它和图像窗口中预览到的图像进行比较,可明显看出两者的区别。

为了防止将不希望替换的区域中的颜色替换掉,在"替换颜色"命令执行前可首先建立一个选区,将不希望进行颜色调整的部分排除在选区之外。一般情况下,选区应适当地羽化,这样最后的调整效果会更好些。

3. 阴影/高光

"阴影/高光"命令主要用于调整图像的阴影和高光区域,可分别对曝光不足和曝光过度的局部区域进行增亮或变暗处理,以保持图像亮度的整体平衡。"阴影/高光"命令最适合调整强光或背光条件下拍摄的图像。

打开图像,选择"图像"|"调整"|"阴影/高光"命令,打开"阴影/高光"对话框,如图4-26所示,选中"显示其他选项"复选框,使对话框显示更多的参数。

"阴影/高光"对话框中各项参数的作用如下。

① 数量:拖动"阴影"或"高光"栏中的"数量"滑块,或直接在数值框内输入数值,可改变光线的校正量。数值越大,阴影越亮而高光越暗;反之,阴影越暗而高光越亮。

② 色调:控制阴影或高光的色调调整范围。调整阴影时,数值越小,调整将限定在较暗的区域。调整高光时,数值越小,调整将限定在较亮的区域。

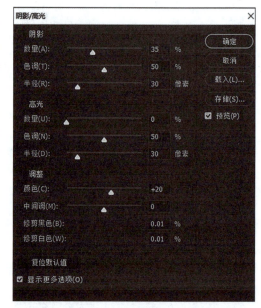

图4-26 "阴影/高光"对话框

③ 半径:控制应用阴影或高光的效果范围。实际上用来确定某一像素属于阴影区域还是高光区域。数值越大,将会在较大的区域内调整;反之,将会在较小的区域内调整。若数值足够大,所做调整将用于整个图像。

④ 颜色校正:微调彩色图像中被改变区域的颜色。例如,向右拖动"阴影"栏中的"数量"滑块时,将在原图像比较暗的区域中显示出颜色,此时,调整颜色校正的值,可以改变这些颜色的饱和度。一般而言,增加颜色校正的值,可以产生更饱和的颜色;降低颜色校正的值,将产生饱和度更低的颜色。

⑤中间调对比度：调整中间调区域的对比度。向左拖动滑块，降低对比度；向右拖动滑块，增加对比度。也可以在右端的数值框内输入数值，负值用于降低原图像中间调区域的对比度，正值将增加原图像中间调区域的对比度。

⑥修剪黑色与修剪白色：确定有多少阴影和高光区域将被剪辑到图像中新的极端阴影（色阶为 0）和极端高光（色阶为 255）中去。数值越大，图像的对比度越高。若剪辑值过大，将导致阴影和高光区域细节的明显丢失。

4．匹配颜色

"匹配颜色"命令用于在多个图像、图层或色彩选区之间匹配颜色。例如，它既可以将其他图像（源）的颜色匹配到当前图像（目标），也可以将当前图像其他层的颜色匹配到工作图层。"匹配颜色"命令仅对 RGB 模式的图像有效。

同时打开两幅图像，选定一幅图像为当前图像。选择"图像"｜"调整"｜"匹配颜色"命令，打开"匹配颜色"对话框，如图 4-27 所示。

"匹配颜色"对话框中其他主要参数的作用如下。

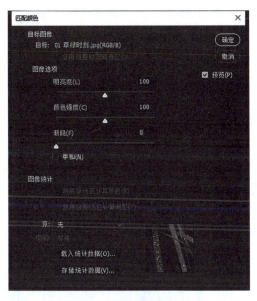

图 4-27 "匹配颜色"对话框

①明亮度：用于调整图像的亮度。向右拖动提高亮度，向左拖动降低亮度。

②颜色强度：用于调整图像中色彩的饱和度。向右拖动增加饱和度，向左拖动降低饱和度。

③渐隐：用于调整颜色匹配的程度。向右拖动降低匹配程度，向左拖动提高匹配程度。

④中和：勾选该复选框，可以自动消除目标图像的色彩偏差。

⑤若目标图像中存在选区，不选中"应用调整时忽略选区"复选框时，源图像的颜色仅匹配到当前图像的选区内。否则，颜色匹配到当前图像的整个图层。

⑥若源图像中存在选区，选中"使用源选区计算颜色"复选框时，仅使用源图像选区内的颜色匹配目标图像的颜色。否则，使用整个源图像的颜色匹配目标图像。

⑦若目标图像中存在选区，选中"使用目标选区计算调整"复选框时，将使用目标图层选区内的颜色调整颜色匹配。否则，使用整个目标图层的颜色调整颜色匹配。

5．照片滤镜

将带颜色的滤镜放置在照相机的镜头前，能够调整穿过镜头使胶卷曝光的光线的色温与颜色平衡。"照片滤镜"命令就是 Photoshop 对这一技术的模拟。

打开图像，选择"图像"｜"调整"｜"照片滤镜"命令，打开"照片滤镜"对话框，如图 4-28 所示。

在"照片滤镜"对话框中，可以通过"滤镜"下拉列表选用预置的颜色滤镜，也可以通过"颜色"选项自定义颜

图 4-28 "照片滤镜"对话框

色滤镜。通过"密度"滑块可以调整滤镜的影响程度。通过勾选"保留明度"复选框，可以保证调整后图像的亮度不变。

6. 去色（Ctrl + Shift + U）

"去色"命令将彩色图像中每个像素的饱和度值设置为0，仅保持亮度值不变。实际上是在不改变颜色模式的情况下将彩色图像转变成灰度图像。

在平面设计中，为了突出某个人物或事物，往往将其背景部分处理为灰度图像效果，而仅仅保留主题对象的彩度。使用Photoshop中的选择工具和"去色"命令即能胜任此项工作。

7. 反相（Ctrl + I）

"反相"命令可以反转图像中每个像素点的颜色，使图像由正片变成负片，或从负片变成正片。例如，对于RGB图像，若图像中某个像素点的RGB颜色值为（r, g, b），则反相后该点的RGB颜色值变成（255-r, 255-g, 255-b）。对于CMYK图像，若某个像素点的CMYK颜色值为（c%, m%, y%, k%），则反相后该点的CMYK颜色值变成（1-c%, 1-m%, 1-y%, 1-k%）。所以，"反相"命令对图像的调整是可逆的。

8. 阈值

"阈值"命令可将灰度图像或彩色图像转换为高对比度的黑白图像，是为报刊杂志制作黑白插画的有效方法。

打开图像，选择"图像"|"调整"|"阈值"命令，打开"阈值"对话框，如图4-29所示。

对话框中显示的是当前图像像素亮度等级的直方图。通过拖动三角滑块将改变"阈值色阶"的设置。

"阈值"命令转换图像颜色的原理是：通过指定某个特定的阈值色阶（取值范围为1~255），使图像中亮度值大于该指定值的像素转换为白色，其余像素转换为黑色。

图4-29　"阈值"对话框

9. 渐变映射

"渐变映射"命令用来将相等的图像灰度范围映射到指定的渐变填充色上。如果指定双色渐变填充，图像中的暗调映射到渐变填充的一个端点颜色，高光映射到另一个端点颜色，中间调分层次映射到两个端点之间。

图4-30　"渐变映射"对话框

打开图像，执行"图像"|"调整"|"渐变映射"命令，弹出"渐变映射"对话框，如图4-30所示。

单击该对话框中渐变预览图后面的黑色三角，在弹出的调板中选择一种渐变类型。选中"仿色"复选框可以使色彩过渡更加平滑，选中"反向"复选框可使现有的渐变色逆转方向。设定完成后渐变灰依照图像的灰阶自动套用到图像上，形成渐变。

10. 曝光度

"曝光度"对话框的目的是调整 HDR（32 位）图像的色调，但也可用于 8 位和 16 位图像。曝光度是通过在线性颜色空间（linear color space，灰度系数为 1.0）而不是图像当前颜色空间执行计算而得出的。

打开图像，执行"图像"｜"调整"｜"曝光度"命令，弹出"曝光度"对话框，如图 4-31 所示。

"曝光度"：调整色调范围的高光端，对极限阴影的影响很轻微。

"位移"：使阴影和中间调变暗，对高光的影响很轻微。

"灰度系数矫正"：使用简单的乘方函数调整图像灰度系数。负值会被视为它们的相应正值。

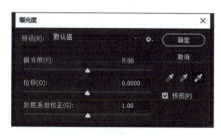

图 4-31 "曝光度"对话框

"吸管工具"：调整图像的亮度值。设置黑场吸管工具设置"偏移量"，同时将吸管选取的像素变为零。设置白场吸管工具设置"曝光度"，同时将吸管选取的像素变为白色。设置灰场吸管工具设置"曝光度"，同时将吸管选取的像素变为中度灰色。

11. 色调均化

"色调均化"命令可重新分配图像中各像素的像素值。选择此命令后，PS 会寻找图像中最亮和最暗的像素值并平均所有的亮度值，使图像中最亮的像素代表白色，最暗的像素代表黑色，中间各像素按灰度重新分配。

12. 色调分离

"色调分离"命令可以定义色阶的数量。在灰阶图像中可用此命令来减少灰阶的数量，此命令可形成一些特殊的效果。在"色调分离"对话框中可直接输入数值来定义分离级别。

13. 黑白

"黑白"命令可将彩色图像转化为灰度图像，同时保持各颜色的转化方式的完全控制。也可以通过对图像应用色调来为灰度着色。

14. 通道混和器

打开图像，执行"图像"｜"调整"｜"通道混和器"命令，弹出对话框，如图 4-32 所示。

在"输出通道"后面的弹出列表中可选择要调整的颜色通道，在"源通道"栏中通过拖动三角滑块可改变各颜色。

如果有必要，可以调整"常数"值，从而增加该通道的补色，或是选中"单色"复选框以制作灰度图像。

此外，在"预设"对话框中同样提供了"预设"复选框，供用户快速选择预设值来进行图像调整。

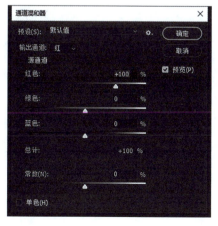

图 4-32 "通道混和器"对话框

素质拓展专题 中国芯（中国自主研发并生产制造的计算机处理芯片）

中国芯是指由中国自主研发并生产制造的计算机处理芯片。我国实施"中国芯"工程，采用动态流水线结构，研发生产了一系列中国芯。

通用芯片有：魂芯系列、龙芯系列、威盛系列、神威系列、飞腾系列、申威系列；嵌入式芯片有：星光系列、北大众志系列、湖南中芯系列、万通系列、方舟系列、神州龙芯系列。

芯片作为在集成电路上的载体，广泛应用在手机、军工、航天等领域，是能够影响一个国家现代工业的重要因素。但是我国在芯片领域却长期依赖进口，缺乏自主研发。中国是世界上第一大芯片市场，但芯片自给率不足10%。2017年，芯片进口额超过2 500亿美元，进口额超过原油加铁矿石进口额之和。

国外巨头依靠在芯片领域长期积累的核心技术和知识产权，通过技术、资金和品牌方面的优势一直占据着集成电路的战略要地，特别是芯片生产环节中的制造技术、设计能力和编码技术等方面，常常会作为谈判筹码进行贸易制裁和出口禁运，对我国服务器、计算机、手机行业带来了巨大困扰，对政务、银行等核心行业造成了安全影响。

"中国芯"的发展无法脱离全球化的发展背景和集成电路产业发展的实际规律，只有通过对关键要素的分析，才能寻找到产业发展的破局和机遇，从而提出更好的应对措施。

"中国芯"工程是在工信部主管部门和有关部委司局的指导下，由中国电子工业科学技术交流中心（工业和信息化部软件与集成电路促进中心，简称CSIP）联合国内相关企业开展的集成电路技术创新和产品创新工程。自2006年以来，该活动秉承"以用立业、以用兴业"的发展思路，旨在搭建中国集成电路企业优秀产品的集中展示平台，打造中国集成电路高端公共品牌。

第 5 章 滤 镜

5.1 滤镜概述

滤镜是 Photoshop 的一种特效工具,其功能与图层样式类似,都是为图像添加特效,但工作原理与图层样式特效有所区别。两者的区别我们可以这样理解:图层样式是为图层中的像素"穿衣服",其特效效果与图层中的像素本身是两个部分。而滤镜是为图层中的像素"整容",是直接把像素进行变形重组,从两者的区别入手,我们就可以很轻松地理解滤镜的工作原理。

滤镜具体的一般工作原理可以归纳为:以特定的方式使像素移位,改变像素的颜色值,或增减像素的数量,使滤镜作用区域的图像产生各种各样的特殊效果。

5.1.1 滤镜基本操作

大多数滤镜在使用时都会弹出对话框,要求用户根据需要设置参数。只有少数几种滤镜无须设置参数,直接作用到图像上。滤镜的一般操作过程如下。

① 选择要应用滤镜的图层、蒙版或通道。图像局部使用滤镜时,需要创建相应的选区。

② 选择"滤镜"菜单下的滤镜插件或指定滤镜组中的某个滤镜。

③ 若弹出对话框,则根据需要设置滤镜参数,单击"确定"按钮。

④ 使用滤镜后,不要进行其他任何操作,选择"编辑"|"××"命令(其中××代表刚刚使用的滤镜名称)。

不透明度:用于调整滤镜的作用强度。100% 代表调整前的滤镜最初效果。

模式:用于选择滤镜的作用模式。默认为"正常"。

⑤ 最后一次使用的滤镜(不包括抽出、液化、消失点、图案生成器等滤镜插件)总是出现在"滤镜"菜单的顶部。单击该命令,或按 Ctrl + F 键,可以在图像上再次叠加上一次的滤镜,以增强效果。此间不会打开滤镜对话框,参数设置与上一次相同。

5.1.2 滤镜使用要点

在使用滤镜时,以下几点值得注意。

① 在文本层、形状层等包含矢量元素的图层上使用滤镜时,将弹出提示框。单击"确定"按钮可栅格化图层,并在图层上应用滤镜。单击"取消"按钮,则撤销操作。

② 有些滤镜要占用大量内存,而在高分辨率的大图像上应用滤镜时,计算机的反应一般

也很慢。在上述情况下,采用以下方法可提高计算机的性能。

• 先在小部分图像上试验滤镜效果,并记下最终参数设置,再将同样设置的滤镜应用到整个图像上。

• 在添加滤镜之前,选择"编辑"|"清理"菜单下的命令释放内存。

• 退出其他应用程序,将更多的内存分配给 Photoshop 使用。

③所有滤镜都不能应用于位图或索引颜色模式的图像。有些滤镜仅对 RGB 颜色模式的图像起作用。因颜色模式问题不能使用滤镜时,可适当转换图像的颜色模式,添加滤镜后再将颜色模式转换回来。

④所有滤镜都可以应用于 8 位图像。只有一部分滤镜能够应用于 16 位图像。要想在 16 位图像上添加不能使用的滤镜,可先将 16 位图像转为 8 位图像(这种转换可能会影响图像的实际色彩效果)。

⑤在对选区使用滤镜时,若事先将选区适当羽化,则应用滤镜后,滤镜效果可自然融入选区周围的图像中。

5.2 滤 镜 详 解

5.2.1 滤镜库

滤镜库将 Photoshop 的许多滤镜组合在同一个窗口中,为这些滤镜的使用提供了一个快速高效的平台。通过它可以为图像同时应用多个滤镜,还可以调整所用滤镜的先后顺序,以及设置每个滤镜的参数。

打开素材图像,选择"滤镜"|"滤镜库"命令,弹出"滤镜库"对话框。

①预览区:预览区用于查看当前设置下的滤镜效果。单击预览窗左下角的"+"和"-"按钮,可缩放预览图。单击"百分比"按钮则弹出菜单,用于精确缩放预览图。当预览区出现滚动条时,使用鼠标(指针呈小手状)在预览区拖动,可查看隐藏的区域。

②滤镜列表区:滤镜列表区列出了可以通过滤镜库使用的所有滤镜。通过单击列表区左侧的三角按钮,可以展开或折叠对应的滤镜组。通过单击列表区右上角的双箭头按钮,可显示和隐藏滤镜列表区。展开某个滤镜组,单击其中某个滤镜,即可在预览区查看滤镜效果。

③参数调整区:在滤镜列表区选择某个滤镜,或在所用滤镜记录区选择某个滤镜记录后,可在参数调整区修改该滤镜的各个参数值。

④所用滤镜记录区:所用滤镜记录区按照选择的先后顺序,以记录的形式自下而上列出了要应用到图像的所有滤镜。通过上下拖动记录,可以调整滤镜使用的先后顺序,这将导致滤镜效果的总体改变。

通过单击滤镜记录左侧的小眼睛图标,可以显示或隐藏相应的滤镜效果。单击记录区底部的"删除"按钮,可删除选中的滤镜记录。单击"新建"按钮,并在滤镜列表区选择某个滤镜,可将该滤镜添加到记录区的顶部。从预览区可以查看应用该滤镜后的图像变化。

通过"滤镜库"对话框选择所有要使用的滤镜后,单击"确定"按钮,则滤镜记录区所有未被隐藏的滤镜都应用到当前图像上。

5.2.2 风格化滤镜组

风格化滤镜组用来创建印象派或其他画派风格的绘画效果。其中使用频率较高的有风、浮雕效果和扩散等滤镜。

1. 风

模仿不同类型的风的效果。

方法:选择风的强度类型。包括风、大风和飓风3种,强度依次增大。

方向:选择风向。包括从右和从左两种方向。

2. 浮雕效果

将图像的填充色转换为灰色,并使用原填充色描画图像中的边缘,产生在石板上雕刻的效果。

角度:设置画面的受光方向,取值范围为 −360°~360°。

亮度:设置浮雕效果的凸凹程度,取值范围为1~100。数值越大,凸凹程度越大。

数量:控制滤镜的作用范围及浮雕效果的颜色值变化,取值范围为1%~500%。

3. 扩散

模仿在湿的画纸上绘画所产生的油墨扩散效果。

正常:使图像中所有的像素都随机移动,形成扩散漫射的效果。

变暗优先:用较暗的像素替换较亮的像素。

变亮优先:用较亮的像素替换较暗的像素。

各向异性:使图像上亮度不同的像素沿各个方向渗透,形成模糊的效果。

4. 查找边缘

寻找图像的边缘,并使用相对于白色背景的黑色或深色线条重新描绘边缘。

5. 等高线

查找主要亮度区域的过渡,并在每个单色通道用淡淡的细线勾画它们,产生类似等高线的效果。

色阶:设置边缘线条的色阶值,取值范围为0~255。

边缘:设置边缘线条的位置。

较低:勾勒像素的颜色值低于指定色阶区域像素的颜色值。

较高:勾勒像素的颜色值高于指定色阶区域像素的颜色值。

6. 拼贴

将图像分解成一系列的方形拼贴,并使方形拼贴偏移原来的位置。

拼贴数:设置图像在每行和每列上的最小拼贴数目。

最大位移:设置拼贴对象的最大位移,以控制拼贴的间隙。

填充空白区域:选择填充拼贴间隙的方式,包括背景色、前景颜色、反向图像和未改变的图像4种填充。

7. 曝光过度

将负片和正片图像相互混合,产生类似于照片冲洗中进行短暂曝光而得到的图像效果。

8. 凸出

产生由三维立方体或金字塔拼贴组成的图像效果。

类型：选择图像以何种凸出方式拼贴组成，包括块和金字塔两种类型。

大小：设置块或金字塔的大小。

深度：设置图像凸出的高度，包括随机和基于色阶两种。

随机：为每个块或金字塔设置一个任意的深度值。

基于色阶：使每个块或金字塔的深度与其亮度对应，越亮凸出越多。

立方体正面：勾选该复选框，可用每个立方体的平均颜色填充该立方体的正面；否则，用图像填充每个立方体的正面。

蒙版不完整块：勾选该复选框，将隐藏图像四周边界上不完整的立方体或金字塔。

9. 照亮边缘

勾勒图像中的边缘，并向其添加类似霓虹灯的光亮效果。

边缘宽度：控制发光边缘的宽度，取值范围 1~14。数值越大，边缘越宽。

边缘亮度：控制发光边缘的亮度，取值范围 0~20。数值越大，边缘越亮。

平滑度：控制图像的平滑程度，取值范围 1~15。数值越大，图像越柔和。

5.2.3　画笔描边滤镜组

画笔描边滤镜组模仿使用不同类型的画笔和油墨对图像进行描边，形成多种风格的绘画效果。组内所有滤镜都可以通过滤镜库使用。

1. 成角的线条

方向平衡：控制斜线的方向平衡，取值范围为 0~100。取值为 0 或 100 时，画面上所有斜线方向一致。取值偏离 0 或 100 时，亮区与暗区的斜线方向逐渐变得相反。

描边长度：控制描边线条的长度。数值越大，线条越长。

锐化程度：控制描边线条的锐化程度。数值越大，线条越清楚。

2. 墨水轮廓

使用比较细的线条按原来的细节重新勾勒图像，形成类似钢笔油墨画的绘画风格。

描边长度：设置线条的长度。

深色强度：设置深色区域的强度。

光照强度：设置图像的对比度。

3. 喷溅

模仿使用喷溅工具喷色绘画的效果。

喷色半径：设置喷色范围的大小。数值越大，范围越大，喷溅效果越明显。

平滑度：设置喷色画面的平滑程度。数值越大，画面越柔和。

4. 喷色描边

模仿使用喷溅工具沿一定方向喷色绘画的效果。

描边长度：设置喷色线条的长度。

喷色半径：设置喷色范围的大小。数值越大，喷溅效果越明显。

描边方向:选择喷色线条的方向。

5. 强化的边缘

强化图像边缘,形成画笔勾勒描边的效果。

边缘宽度:设置强化边缘的宽度。

边缘亮度:设置强化边缘的亮度,取值范围为 0~50。数值较小时,强化效果类似于黑色油墨;数值较大时,类似于白色粉笔。

平滑度:设置边缘线条的平滑程度。

6. 深色线条

使用短的、绷紧的线条绘制图像中接近黑色的暗区,用长的白色线条绘制图像中的亮区。

平衡:控制图像中亮区与暗区的范围比例。

黑色强度:控制图像中暗区的强度。数值越大,强度越大。

白色强度:控制图像中亮区的强度。数值越大,强度越大。

7. 烟灰墨

模仿使用蘸满黑色油墨的湿画笔在宣纸上绘画的效果。画面具有非常黑的柔化模糊边缘,风格类似日本画。

描边宽度:控制绘画笔触的宽度。

描边压力:控制画笔的压力大小。数值越大,线条越粗,颜色越黑。

对比度:控制画面的对比度大小。数值越大,对比度越大。

8. 阴影线

模仿使用铅笔工具在图像上绘制交叉的阴影线而形成的纹理效果。画面彩色区域的边缘变得粗糙,同时保留原图像的细节和特征。

描边长度:控制阴影线的长短。数值越大,线条越长。

锐化程度:控制阴影线的锐化程度。数值越大,线条越清楚。

强度:控制阴影线的使用次数。数值越大,阴影线越明显、越密集。

5.2.4 模糊滤镜组

模糊滤镜组通过降低图像对比度创建各种模糊效果。其中使用频率较高的有动感模糊、高斯模糊和径向模糊等滤镜。

1. 动感模糊

以特定的方向和强度对图像进行模糊,形成类似于运动对象的残影效果,常用于为静态物体营造运动的速度感。

角度:设置动感模糊的方向,取值范围为 -360°~360°。

距离:设置动感模糊的强度,取值范围 1~999。数值越大,模糊程度越大。

2. 高斯模糊

通过设置模糊半径,控制图像的模糊程度。其中"半径"参数的取值范围为 0.1~250。半径越大,图像越模糊。

3. 径向模糊

模仿拍摄时旋转相机或前后移动相机所产生的照片模糊效果。其对话框参数作用如下。

数量：设置模糊的程度，取值范围是 1~100。数值越大，模糊程度越大。

模糊方法：选择模糊的方法。包括旋转和缩放两种。旋转方法沿同心圆环线模糊；缩放方法则沿径向线模糊，就像是在放大或缩小图像。

品质：选择模糊效果的品质。包括草图、好和最好 3 种。

中心模糊：通过在预览框内拖动或单击鼠标，改变模糊的中心位置。

4. 镜头模糊

用于在图像中模拟景深效果，使部分图像位于焦距内而保持清晰效果，其余部分因位于焦距外而变得模糊。该滤镜可以利用选区确定图像的模糊区域，也可以利用蒙版和 Alpha 通道准确描述模糊程度及需要模糊区域的位置。

更快：选中该单选按钮，可提高预览速度。

更加准确：选中该单选按钮，能够更准确地预览滤镜效果，但预览所需时间较长。

源：选择一个创建深度映射的源（蒙版或 Alpha 通道），以准确描述模糊程度及需要模糊区域的位置。

模糊焦距：设置位于焦点内的像素的深度。若在对话框的图像预览区某处单击，则"模糊焦距"自动调整数值，将单击点设置为对焦深度。

反相：勾选该复选框，可将选区或用作深度映射源的蒙版和 Alpha 通道反转使用。

形状：选择光圈类型，以确定模糊方式。不同类型的光圈含有的叶片数量不同。

半径：调整模糊程度。半径越大越模糊。

叶片弯度：调整光圈叶片的弯度，对光圈边缘的图像进行平滑处理。

旋转：通过拖动滑块可使光圈旋转。

亮度：调整高光区域的亮度。数值越大，亮度越高。

阈值：选择亮度截止点，使比该值亮的所有像素都被视为高光像素。

数量：设置杂点的数量。数值越大，杂点越多。

平均：随机分布杂色的颜色值，以获得细微效果。

高斯分布：沿一条曲线分布杂色的颜色值以获得斑点状的效果。

单色：勾选该复选框，将生成灰色杂点，否则生成彩色杂点。

5. 特殊模糊

半径：设置滤镜搜索要模糊的不同像素的距离。

阈值：设置该参数确定像素值的差别达到何种程度时将其消除。

品质：指定模糊品质，包括"低""中"和"高"3 种。

模式：设置特殊模糊的不同形式，包括"正常""仅限边缘"和"叠加边缘"3 种。"正常"：对整个图像应用模式。"仅限于边"：仅为边缘应用模式，在对比度显著之处生成黑白混合的边缘。"叠加边缘"：在颜色转变的边缘应用模式，仅在对比度显著之处生成白边。

6. 表面模糊

在保留图像边缘的情况下模糊图像。

7. 方框模糊
使用相邻的像素模糊图像。

8. 模糊与进一步模糊
使图像产生比较轻微(甚至不易察觉)的模糊效果,主要用于消除图像中的杂色,使图像变得柔和。

9. 平均
计算图像或选区的平均颜色,并用平均色填充图像或选区,以创建平滑的外观。

10. 形状模糊
根据指定的形状对图像进行模糊。

5.2.5 扭曲滤镜组

扭曲滤镜组通过对图像进行几何扭曲,创建三维或其他变形效果。在该组滤镜中,玻璃、海洋波纹和扩散亮光滤镜是通过滤镜库使用的。

1. 玻璃
模仿透过不同类型的玻璃观看图像的效果。在 Photoshop CS3 中,玻璃滤镜仅对 RGB 颜色、灰度和双色调模式的图像有效。各参数作用如下。

扭曲度:控制图像的变形程度。
平滑度:控制滤镜效果的平滑程度。
纹理:选择一种预设的纹理类型或载入自定义的纹理类型(*.psd 类型的图像文件)。
缩放:控制纹理的缩放比例,取值范围为 50%~200%。
反相:勾选该复选框,玻璃效果的凸部与凹部对换。

2. 极坐标
将图像从直角坐标系转换到极坐标系,或从极坐标系转换到直角坐标系。

3. 水波
模仿水面上的环形水波效果,常常应用于图像的局部。

4. 波纹:模仿水面上的波纹效果
数量:控制波纹的数量,取值范围 -999~+999。绝对值越大,波纹数越多。
大小:设置波纹的大小,包括"小""中"和"大"3 种类型。

5. 波浪
模仿各种形式的波浪效果。
类型:选择波浪的形状,包括正弦、三角形和方形 3 种类型。
生成器数:控制生成波浪的数量。
波长:控制波长的最小值和最大值。
波幅:控制波形振幅的最小值和最大值。
比例:控制图像在水平方向和竖直方向扭曲变形的缩放比例。
随机化:单击该按钮,将根据上述参数设置产生随机的波浪效果。

6. 海洋波纹

在图像上产生随机分隔的波纹效果，看上去就像是在水中。在 Photoshop CS3 中，海洋波纹滤镜只能应用于 RGB 颜色、灰度和双色调模式的图像。

波纹大小：控制波纹的大小。数值越大，波纹越大。

波纹幅度：控制波纹的幅度。数值越大，幅度越大。

7. 切变

使图像产生曲线扭曲效果。在切变滤镜对话框的曲线方框内，直接拖动线条，或先在线条上单击增加控制点，再拖动控制点，都可以改变曲线的形状。单击"默认"按钮，曲线将恢复为默认的直线。

折回：用图像的对边内容填充溢出图像的区域。

重复边缘像素：用扭曲边缘的像素颜色填充溢出图像的区域。

8. 球面化

使图像上产生类似球体或圆柱体那样的凸起或凹陷效果。

数量：控制凸起或凹陷的变形程度。数量绝对值越大，变形效果越明显。

模式：选择变形方式，包括"正常""水平优先"和"竖直优先"3 种。

"正常"：从竖直和水平两个方向挤压对象，图像中央呈现隆起或凹陷效果。

"水平优先"：仅在水平方向挤压图像，图像呈现竖直圆柱形隆起或凹陷效果。

"竖直优先"：仅在竖直方向挤压图像，图像呈现水平圆柱形隆起或凹陷效果。

9. 旋转扭曲

以图像中央位置为变形中心，进行旋转扭曲。图像越靠近中央的位置旋转幅度越大。

角度：指定旋转的角度，取值范围为 −999°~999°。正值产生顺时针旋转效果，负值产生逆时针旋转效果。

10. 扩散亮光

以图像较亮的区域为中心向外扩散亮光，形成一种灯光弥漫的效果。在 Photoshop CS3 中，该滤镜只能应用于 RGB 颜色、灰度和双色调模式的图像。当应用于 RGB 图像时，亮光的颜色与当前背景色一致。

粒度：控制亮光中的颗粒数量。数值越大，颗粒越多。

发光量：控制亮光的强度。

清除数量：控制亮光的应用范围。数值越大，亮光的范围越小。

11. 置换

根据置换图（*.psd 类型的图像文件）的颜色和形状对图像进行变形。在变形中，起作用的是置换图的图像拼合效果。

水平比例：设置置换图在水平方向的缩放比例。

垂直比例：设置置换图在垂直方向的缩放比例。

置换图：当置换图与当前图像的大小不符时，选择置换图适合当前图像的方式。

伸展以适合：将置换图缩放以适合当前图像的大小。

拼贴：将置换图进行拼贴（置换图本身不缩放）以适合当前图像的大小。

未定义区域:选择图像中未变形区域的处理方法,包括折回和重复边缘像素两种。

折回:用图像中另一边的内容填充未扭曲的区域。

重复边缘像素:按指定方向沿图像边缘扩展像素的颜色。

12. 挤压

在图像上产生挤压变形效果。

数量:控制挤压变形的强度,取值范围为 −100 ~ +100。取正值时向图像中心挤压,取负值时从图像中心向外挤压。

5.2.6 锐化滤镜组

锐化滤镜组通过增加相邻像素的对比度,特别是加强对画面中边缘的定义,使图像变得更清晰。

1. USM 锐化

USM 锐化滤镜锐化图像时并不检测图像中的边缘,而是按指定的阈值查找值不同于周围像素的像素,并按指定的数量增加这些像素的对比度,以达到锐化图像的目的。

数量:设置锐化量。数值越大,锐化越明显。

半径:设置边缘像素周围受锐化影响的像素数量,取值范围为 0.1 ~ 250。数值越大,受影响的边缘越宽,锐化效果越明显。通常取 1 ~ 2 之间的数值时效果较好。

阈值:确定要锐化的像素与周围像素的对比度至少相差多少时才被锐化,取值范围为 0 ~ 255。阈值为 0 时将锐化图像中的所有像素,而阈值较高时仅锐化具有明显差异边缘像素。通常可采用 2 ~ 20 之间的数值。

使用 USM 滤镜时,若导致图像中亮色过于饱和,可在锐化前将图像转换为 Lab 模式,然后仅对图像的 L 通道应用滤镜。这样既可锐化图像,又不致于改变图像的颜色。

提示:在 USM 滤镜对话框的预览窗内,按住鼠标左键不放可查看到图像未锐化时的效果。

2. 智能锐化

智能锐化滤镜可以根据特定的算法对图像进行锐化,还可以进一步调整阴影和高光区域的锐化量。

数量:设置锐化量。数值越大,锐化越明显。

半径:设置边缘像素周围受锐化影响的像素数量。数值越大,受影响的边缘越宽,锐化效果越明显。

移去:选择锐化算法,包括"高斯模糊""镜头模糊"和"动感模糊"3 种。其中"高斯模糊"是智能锐化滤镜采用的默认算法。

角度:设置像素运动的方向(仅对动感模糊锐化算法)。

更加准确:勾选该复选框,可以更准确地锐化图像。

在"智能锐化"滤镜对话框中选中"高级"单选按钮,可切换到该滤镜的高级设置,进一步控制阴影和高光区域的锐化量。

渐隐量:调整阴影或高光区域的锐化量。数值越大,锐化程度越低。

色调宽度:控制阴影或高光区域的色调修改范围。数值越大,范围越大。

半径：定义阴影或高光区域的大小。通过半径的取值，可以确定某一像素是否属于阴影或高光区域。

3．锐化与进一步锐化

增加图像中相邻像素的对比度，提高模糊图像的清晰度。

4．锐化边缘

仅锐化图像的边缘，同时保留图像总体的平滑度，使图像的轮廓更加分明。

5.2.7 视频滤镜组

视频滤镜组用于视频图像与普通图像的相互转换。

1．逐行

移去视频图像中的奇数或偶数隔行线，使从视频上捕捉到的图像变得平滑，提高图像质量。

消除：选择移去奇数行还是偶数行扫描线。

创建新场方式：选择通过复制还是插值方式替换移去的扫描线。

2．NTSC 颜色

将图像色域限制在电视机能够接受的范围内，防止过于饱和的颜色渗到电视扫描行中。

5.2.8 素描滤镜组

素描滤镜组用于模仿速写等多种绘画效果。该组滤镜共 14 种，重绘图像时大多使用当前前景色和背景色，并且都可以通过滤镜库使用。

1．半调图案

模仿半调遮罩图像的效果，同时保持色调范围的连续性。图像的颜色由前景色和背景色共同组成。

大小：控制图案的大小。

对比度：控制图案的对比度。

图案类型：选择图案的类型（包括"圆圈""网点"和"直线"3 种）。

2．便条纸

使用一种颜色的纸张剪出图像亮区，贴在表示图像暗区的另一种颜色的纸张上。两种纸张都带有颗粒状纹理，纸张颜色由前景色和背景色共同确定。

图像平衡：控制图像中明暗区域的平衡。数值越大，亮区面积越小。

粒度：控制颗粒纹理的强度。数值越大，颗粒效果越明显。

凸现：设置画面中浮雕效果的起伏程度。数值越大，起伏越大。

3．粉笔和炭笔

使用粉笔（背景色）和炭笔（前景色）重新绘制图像。

炭笔区：控制炭笔区域的大小和颜色深浅。数值越大，炭笔区域越大，颜色越浓。

粉笔区：控制粉笔区域的大小和颜色深浅。数值越大，粉笔区域越大，颜色越浓。

描边压力：控制笔触的压力大小。

4. 铬黄渐变

模仿一种擦亮的金属表面的效果。金属表面的明暗区域与原图像的明暗区域基本上是对应的。滤镜效果为灰度图像或色调图像,与前景色和背景色无关。

细节:控制画面的细致程度。数值越大,画面越细腻。

平滑度:控制画面的平滑程度。数值越大,画面越显得平滑。

5. 绘图笔

使用具有一定方向的细线重绘图像。其中绘图笔颜色使用前景色,纸张颜色使用背景色。

描边长度:控制线条的长短。数值越大,线条越长。

明/暗平衡:控制画面的明暗平衡,取值范围为 0~100。

描边方向:选择线条的方向(包括"右对角线""水平""左对角线"和"垂直"4 种)。

6. 基底凸现

模仿在不同方向的光照下凸凹起伏的雕刻效果。

细节:控制雕刻效果的细致程度。数值越大,画面越细腻。

平滑度:控制画面的平滑程度。数值越大,画面越柔和,越显得模糊。

光照:设置雕刻的受光方向。可供选择的光照方向有 8 种。

7. 水彩画纸

模仿在潮湿的纤维纸上绘画的效果。由于颜色流动并混合,所绘对象的边缘出现细长的锯齿效果。画面颜色与前景色和背景色无关。

纤维长度:控制纸张纤维的长度。数值越大,图画的边缘锯齿越细长。

亮度:控制画面的亮度。

对比度:控制画面的明暗对比度。

8. 撕边

使用前景色和背景色重绘图像,使之呈现出粗糙、撕破的纸片状。

图像平衡:控制图像中前景色与背景色的平衡。

平滑度:控制图像的平滑程度。数值越大,画面越平滑,而撕边效果越不明显。

对比度:控制画面的对比度。

9. 塑料效果

在图像中形成层次分明的塑料效果,并使用前景色和背景色为结果图像着色。

图像平衡:控制图像中前景色与背景色的平衡。

平滑度:控制画面的平滑程度。数值越大,画面越平滑。

光照:设置画面的受光方向。可供选择的光照方向有 8 种。

10. 炭笔

模仿炭笔绘画的效果。主要边缘以粗线条绘制,中间色调区域用对角细线条绘制。炭笔颜色使用前景色,纸张颜色使用背景色。

炭笔粗细:控制炭笔线条的粗细。数值越大,线条越粗。

细节:控制画面的细致程度。数值越大,画面越细腻。

明/暗平衡：控制画面的明暗平衡。取值范围为 0～100。

11. 炭精笔

在图像上模仿炭精笔绘画的效果。在画面的暗区使用前景色，在亮区使用背景色。

前景色阶：控制前景色的多少（图像中的暗区使用前景色）。

背景色阶：控制背景色的多少（图像中的亮区使用背景色）。

纹理：为画纸选择预设的纹理类型，或单击右侧的按钮，载入自定义纹理。

缩放：设置纹理的缩放比例。数值越大，纹理比例越大。

凸现：设置纹理的起伏程度。数值越大，纹理越深。

光照：设置画面的受光方向。

反相：勾选该复选框，将画面的受光方向反转。

12. 图章

简化图像，表现出用橡皮或木制图章盖印的效果。图像由前景色和背景色共同组成。

明/暗平衡：控制画面的明暗平衡。即确定前景色与背景色在画面上所占有的比例。

平滑度：控制图像中边缘的平滑程度。数值越大，画面越平滑，同时也越被简化。

13. 网状

模仿胶片乳胶的可控收缩和扭曲效果，使之在暗调区域呈结块状，在高光区域呈轻微颗粒状。

浓度：控制网点的密集程度。

前景色阶：控制前景色的多少（图像中的暗区使用前景色）。

背景色阶：控制背景色的多少（图像中的亮区使用背景色）。

14. 影印

使用前景色和背景色模仿影印图像的效果。

细节：控制画面的细致程度。数值越大，与原图像越接近。

暗度：控制画面的明暗程度。

5.2.9 纹理滤镜组

纹理滤镜组包括纹理化、龟裂缝、颗粒、马赛克拼贴、拼缀图和染色玻璃 6 种，可以为图像添加各种纹理效果，使图像表现出深度感或物质感。各滤镜都可以通过滤镜库使用。

纹理化滤镜的参数设置如下。

纹理：选择预设纹理或单击右侧的按钮载入自定义纹理（.psd 类型的图像文件）。

缩放：控制纹理的缩放比例。

凸现：设置纹理的凸显程度。数值越大，纹理起伏越大。

光照：设置画面的受光方向。从下拉列表中可以选择 8 种光源方向。

反相：勾选该复选框，将获得一个反向光照效果。

5.2.10 像素化滤镜组

像素化滤镜组可以使图像单位区域内颜色值相近的像素结成块，形成点状、晶格等多种特效。

1. 彩色半调

将每个单色通道上的图像划分为矩形,并用圆形替换每个矩形。圆形的大小与矩形区域的亮度成比例。

最大半径:控制半调网点的最大半径,取值范围为 4~127 像素。

网角:为图像的每个单色通道输入网角值(网点与实际水平线的夹角)。对于灰度图像,只使用通道 1。对于 RGB 图像,使用通道 1、2 和 3,分别对应于红色、绿色和蓝色通道。对于 CMYK 图像,使用所有 4 个通道,对应于青色、洋红、黄色和黑色通道。

默认:单击该按钮,可将所有网角恢复为默认值。

2. 彩块化

将图像单位区域内颜色相近的像素结成像素块(与原像素颜色接近),使图像看上去像手绘作品或抽象派绘画作品。

3. 点状化

将图像中的颜色分解为随机分布的小色块,并使用当前背景色填充各色块之间的图像区域。

4. 晶格化

将图像中临近的像素结成块,形成一个个多边形纯色晶格。

5. 马赛克

将图像中临近的像素结成纯色方块,形成马赛克效果。

6. 碎片

将图像中的像素创建 4 个副本,相互偏移,形成朦胧重影效果。

7. 铜版雕刻

将图像转换为由点或线条绘制的随机图案。

5.2.11 渲染滤镜组

渲染滤镜组包括云彩、分层云彩、纤维、镜头光晕和光照效果等滤镜,可以在图像上产生云彩、纤维、镜头光晕和光照等效果。其中镜头光晕和光照效果滤镜仅对 RGB 图像有效。

1. 镜头光晕

模仿拍照时因亮光照射到相机镜头上而在相片中产生的折射效果。

光晕中心:单击预览图像的任意位置,可指定光晕中心的位置。

亮度:控制光晕的亮度。

镜头类型:指定摄像机的镜头类型,包括 50~300 毫米变焦、35 毫米聚焦、105 毫米聚焦和电影镜头 4 种。

2. 光照效果

在 RGB 图像上创建各种光照效果。

样式:选择光源的不同风格。可供选择的样式有 17 种。

光照类型:选择不同的光照类型,包括"平行光""全光源"和"点光源"3 种类型。

开:控制光源的开关。

强度:控制光照的强度,取值范围为 -100~100。数值越大,光线越强。取负值时,光源不仅不发光,还吸收光。通过单击右侧颜色框可以选择光照颜色。

聚焦:控制光照范围内主光区与衰减光区的大小。数值越大,主光区面积越大,而衰减光区越小。该项仅适用于点光源。

光泽:控制对象表面反射光的多少。数值越大,光照范围内的图像越明亮。

材料:设置反射率的高低。塑料反射光的颜色,金属反射对象的颜色。

曝光度:取值范围为 -100~100。正值增加光照,负值减少光照。

环境:控制环境光的强弱。数值越大,环境光越强。通过单击右侧颜色框可以选择环境光的颜色。

纹理通道:设置纹理填充的颜色通道。选择"无"不产生纹理效果。

白色部分凸出:勾选该复选框,将通道图像的亮区作为凸出纹理;否则,将暗区作为凸出纹理。

高度:控制纹理的高度。数值越大,纹理越凸出。

灯光:将按钮拖放到光照效果预览区可增加新光照。最多可添加 16 种光照。通过拖动光照的控制手柄,可调整光照的位置、方向和强度等特性。

删除:将光照中央的小圆圈拖动到按钮上可删除光照(最后一个光照无法删除)。

3. 云彩

从前景色和背景色之间随机获取像素的颜色值,生成柔和的云彩图案。按住 Alt 键选择云彩滤镜,可生成色彩分明的云彩图案。

4. 分层云彩

从前景色和背景色之间随机获取像素的颜色值,生成云彩图案,并将云彩图案和原图像进行混合。最终效果相当于使用云彩滤镜产生的图案以差值混合模式叠加在原图像上。

5. 纤维

使用前景色和背景色创建编织纤维的外观效果,并将原图像取代。若选择合适的前景色和背景色,可制作木纹效果。纤维滤镜的参数设置如下。

差异:控制纤维条纹的长短。值越小,条纹越长;值越大,条纹越短,且颜色分布变化越多。

强度:控制每根纤维的外观。低设置产生展开的纤维,高设置产生短的丝状纤维。

随机化:单击该按钮可随机更改图案的外观。可多次单击直到获得满意的效果。

5.2.12 艺术效果滤镜组

艺术效果滤镜组用于模仿在自然或传统介质上进行绘画的效果。该组滤镜包括 15 种滤镜,都可以通过滤镜库使用。

1. 壁画

使用短而圆的小块颜料粗略轻涂,以一种粗糙的风格绘制图像,画面显得斑驳不平,产生古代壁画般的效果。

画笔大小:设置绘画笔刷的大小。数值越小,笔刷越细,绘画越精细。

画笔细节:设置画笔的精确度。数值越大,落笔位置越准确,画面越逼真。

纹理:通过设置高光和阴影,在画面上产生某种纹理效果。

2. 彩色铅笔

用当前背景色模仿彩色铅笔绘画的效果。该滤镜在外观上保留原图像的重要边缘,画面上显示出使用定向的粗糙铅笔线条绘画的痕迹。

铅笔宽度:设置铅笔笔芯的宽度。数值越大,线条越粗。

描边压力:设置铅笔绘画的力度。数值越大,用力越大,线条越清晰。

纸张亮度:设置绘图颜色的亮度。数值越大,亮度越高。取最小值 0 时,线条颜色接近黑色;取最大值 50 时,线条颜色接近背景色。

3. 粗糙蜡笔

模仿使用彩色蜡笔在有纹理的画纸上沿一定方向绘画的效果。

描边长度:设置绘画线条长度。数值越大,线条越长,画面方向感越强。

描边细节:设置画面细节复杂程度。数值越大,线条越多,画面越显粗糙。

纹理:用于选择画纸的纹理类型,包括"砖""粗麻布""画布""砂岩"4 种。单击右侧三角按钮,可以载入自定义纹理(*.psd 类型的图像文件)。

缩放:设置纹理的缩放比例。数值越大,比例越大,画面上纹理越明显。

凸现:设置纹理的凸显程度。数值越大,纹理越深。

光照:设置画面的受光方向。

反相:勾选该复选框,将画面的亮色与暗色反转,从而获得反向光照效果。

4. 底纹效果

模仿在有纹理背景的画纸上绘画的效果。

画笔大小:设置笔触的大小。数值越大,笔触越大。

纹理覆盖:设置纹理的覆盖范围。数值越大,范围越大,纹理效果越明显。

其他参数(纹理、缩放、凸现、光照和反相)的作用与粗糙蜡笔滤镜相同。

5. 调色刀

通过减少图像细节,显示背景纹理,生成淡淡的描绘效果。

描边大小:设置绘画时笔触的大小。数值越大,笔触越粗。

描边细节:设置画面的精细程度。数值越大,画面细节越多。

软化度:设置画面的柔和程度。数值越大,画面越柔和。

6. 干画笔

模仿没蘸水的画笔用水彩颜料涂抹,形成介于油画和水彩画之间的绘画效果(其参数设置与壁画滤镜类似)。

7. 海报边缘

通过减少图像的颜色数量,使画面产生分色效果,并用黑色线条勾勒图像的边缘轮廓。

边缘厚度:设置边缘轮廓线的粗细。数值越大,轮廓线越粗。

边缘强度:设置边缘轮廓线颜色的深浅。数值越大,颜色越深。

海报化:通过增减颜色数量,控制分色效果。数值越小,分色越明显。

8. 海绵

模仿使用海绵浸染绘画的效果。画面颜色对比强烈,纹理较重。

画笔大小:设置笔触大小。数值越大,笔触越大。

清晰度:设置绘画的清晰度。数值越大,颜色对比越强烈,纹理越重。

平滑度:设置画面的平滑程度。数值越大,画面越平滑,越显得柔和。

9. 绘画涂抹

模仿使用不同类型的画笔涂抹绘画的效果。画面通常比较模糊。

画笔大小:设置笔刷大小。数值越大,笔刷越粗。

锐化程度:设置笔划的锐利程度。数值越大,笔触越锋利,画面越清晰。

画笔类型:设置不同的画笔类型,包括"简单""未处理光照""未处理深色""宽锐化""宽模糊"和"火花"6种。不同的画笔产生不同的绘画风格。

10. 胶片颗粒

通过添加杂点,产生类似胶片颗粒的画面效果。

颗粒:设置杂点的多少。数值越大,杂点越多。

高光区域:设置高亮区域的大小。数值越大,高亮区域面积越大。

强度:设置杂点强度。数值越大,图像亮区的杂点越少,暗区的杂点越多。

11. 木雕

模仿木刻版画的艺术效果。

色阶数:设置画面被分隔的色阶数。数值越大,色阶越多,与原图越相近。

边缘简化度:设置边缘简化度。数值越大,简化度越高,颜色线条越简单。

边缘逼真度:设置边缘精确度。数值越大,表现越细腻,与原图像越接近。

12. 霓虹灯光

模仿霓虹灯照射画面的效果。画面色彩通常受当前前景色与背景色的影响比较大。

发光大小:设置灯光的照射范围。

发光亮度:设置灯光照射的强度。

发光颜色:通过单击颜色块按钮打开"拾色器"调板,选择发光颜色。

13. 水彩

模仿水彩画的绘画风格。图像细节被简化,用色饱满,好像使用蘸了水和颜料的中号画笔绘制而成。

画笔细节:设置画面的细腻程度。数值越大,笔画越细腻、准确。

阴影强度:设置阴影的强弱。数值越大,阴影越强。

纹理:设置画面的纹理效果。数值越大,纹理越明显。

14. 塑料包装

模仿使用一层塑料薄膜包装图像的效果,这样画面的表面细节得以强调。

高光强度:设置图像亮部区域的光泽程度。

细节:设置画面细节的复杂程度。

平滑度：设置塑料薄膜的平滑程度。数值越大，画面越平滑、柔和。

15．涂抹棒

模仿短而粗的黑线沿一定方向涂抹绘画的效果。

描边长度：设置黑色线条的长度。数值越大，线条越长，画面方向感越强。

高光区域：设置高亮区域的大小。数值越大，高亮区域的范围越大。

强度：设置高亮区域光照强度。数值越大，光线越强，画面明暗对比越强。

5.2.13 杂色滤镜组

杂色滤镜组可以为图像添加或移除杂色。

1．添加杂色

将随机像素添加到图像上，生成均匀的杂点效果。

数量：控制杂点数量。数值越大，杂点越多。

平均分布与高斯分布：杂点的两种分布方式，效果略有不同。

单色：勾选该复选框，可生成单色杂点；否则，生成彩色杂点。

2．减少杂色

在保留边缘的情况下减少图像中的杂色。

基本：选中该单选按钮，可以对图像的整体效果进行调整。

高级：选中该单选按钮，可以从每个颜色通道对图像进行调整（图像中的杂点分为"亮度杂点"和"颜色杂点"两种。有时杂点在某个颜色通道比较明显，这时可从单个通道入手调整图像，结果可以保留更多的图像细节）。

强度：控制图像中亮度杂点的减少量。

保留细节：控制图像细节的保留程度。

减少杂色：控制移去杂点像素的多少。

锐化细节：对图像进行锐化。

移去 JPEG 不自然感：勾选该复选框，可移去因 JPEG 算法压缩而产生的不自然色块。

3．蒙尘与划痕

通过在指定的范围内调整相异像素的颜色值，减少图像中的杂色。

半径：确定在多大的范围内搜索像素间的差异。

阈值：确定当像素的值至少有多大差异时才将该像素消除。

通过尝试将半径与阈值设置为各种不同的组合，可以在锐化图像和去除图像中的瑕疵之间获得一个平衡点。

4．去斑

检测图像中的颜色边缘，并将边缘外的其他区域进行模糊处理，以去除或减弱画面上的斑点、条纹等杂色，同时保留图像细节。

在图像上应用一次去斑滤镜效果不太明显，往往要应用多次滤镜后才能看到效果。

5．中间值

通过混合图像的亮度减少杂色。该滤镜并不保留图像的细节。

半径:中间值滤镜在对每个像素进行分析时,以该像素为中心,取指定半径范围内所有像素亮度的平均值,取代中心像素的亮度值。通常半径越大,图像越平滑。

5.2.14 其他滤镜组

其他滤镜组用于快速调整图像的色彩反差和色值,在图像中移位选区,自定义滤镜等方面。

1. 高反差保留

在图像中有强烈颜色变化的地方保留边缘细节,并过滤掉颜色变化平缓的其余部分。其作用与高斯模糊滤镜恰好相反。

半径:指定边缘附近要保留细节的范围。数值越大,范围越大。

2. 最大值

扩展图像的亮部区域,缩小暗部区域。

半径:针对图像中的单个像素,在指定半径范围内,用周围像素的最大亮度值替换当前像素的亮度值。

3. 最小值

与最大值滤镜相反,扩展图像的暗部区域,缩小亮部区域。

半径:针对图像中的单个像素,在指定半径范围内,用周围像素的最小亮度值替换当前像素的亮度值。

4. 自定

根据预定义的数学算法(即卷积运算),通过更改图像中每个像素的亮度值创建用户自己的滤镜。

在文本框矩阵区域,正中间的文本框代表要进行计算的每一个像素,其中输入的数值表示当前像素亮度增加的倍数(范围为-999~999)。在相邻的文本框中输入数值,表示与当前像素相邻的像素亮度增加的倍数。不必在所有文本框中都输入数值。

缩放:输入参与计算的所有像素亮度值总和的除数。

位移:输入要加到"缩放"运算结果上的数值。

载入:载入已经存储的自定义滤镜的参数设置。

存储:存储当前自定义滤镜的参数设置,以便将它们用于其他图像。

5. 位移

将图像按指定的水平量或垂直量进行移动,图像原位置出现的空白则根据指定的内容进行填充。

水平:控制图像在水平方向的位移量。正值右移,负值左移。

垂直:控制图像在竖直方向的位移量。正值下移,负值上移。

未定义区域:设置由图像移位形成的空白区域的处理方法,包括设置为背景、重复边缘像素和折回3种方法。

设置为背景:将空白区域用当前背景色填充。

重复边缘像素:用图像的边缘填充空白区域。

折回:将移出图像窗口的部分像素填充到空白区域。

5.2.15 液化滤镜

液化滤镜是 Photoshop 修饰图像和创建艺术效果的强大工具,可对图像进行推、拉、旋转、反射、折叠和膨胀等随意变形。

打开图像,选择"滤镜"|"液化"命令,打开"液化"对话框。

1. 工具箱

向前变形工具:拖动时向前推送像素。

重建工具:以涂抹的方式恢复变形,或者使用新的方法重新对图像进行变形。

顺时针旋转扭曲工具:单击或拖动鼠标时顺时针旋转像素。若按住 Alt 键操作,将使像素逆时针旋转。

褶皱工具:单击或拖动鼠标时像素向画笔中心收缩。

膨胀工具:单击或拖动鼠标时像素从画笔中心向外移动。

左推工具:使像素向垂直于鼠标拖动的方向移动挤压。按住 Alt 键拖动鼠标,像素移动方向相反。

镜像工具:将像素复制到画笔拖动区域。拖动鼠标时可以反射与拖动方向垂直区域的图像。通常情况下,冻结了要反射的区域后再进行操作,可产生更好的效果。

湍流工具:通过拖动鼠标使像素位移,产生平滑弯曲的变形,类似于波纹效果。可用于创建火焰、云彩、波浪等效果。

冻结蒙版工具:在需要保护的区域拖动鼠标,可冻结该区域图像(被蒙版遮盖,这样可以免除或减弱对该区域图像的破坏。冻结程度取决于当前的画笔压力。压力越大,冻结程度越高。冻结程度的大小由蒙版的色调表示。当画笔压力取最大值 100 时,表示完全冻结。

解冻蒙版工具:在冻结区域拖动鼠标可以解除冻结。画笔压力对该工具的影响与冻结蒙版工具类似。

2. "工具选项"栏

画笔大小:设置工具箱中对应工具的画笔大小。

画笔密度:设置变形工具的画笔密度。减小画笔密度更容易控制变形程度。

画笔压力:控制图像在画笔边界区域的变形程度。值越大,变形度越明显。

画笔速率:控制图像变形的速度。值越大,变形速度越快。

湍流抖动:控制湍流工具混杂像素的复杂程度。

重建模式:控制重建工具以何种方式重建变形区域的图像。

光笔压力:勾选该复选框,使用数位板的压力值调整图像变形程度。

3. "重建选项"栏

模式:选择重建模式,包括"恢复""刚性""生硬""平滑"和"松散"等多种。

重建:单击该按钮可减小图像的变形度,或以所选重建模式重新构建图像。

恢复全部:撤销图像(包括未完全冻结的区域)的全部变形。

4. "蒙版选项"栏

将原图像的选区、当前层的蒙版和透明区域载入到图像预览区,并与图像预览区中的蒙版选区进行替代、求并、求差、求交和反转等运算。

无:清除图像预览区的所有蒙版。

全部蒙住:在图像预览区全部区域添加蒙版。

全部反相:在图像预览区,将蒙版区域与未蒙版区域反转。

5. "视图选项"栏

显示图像:用来显示和隐藏当前层预览图像。

显示网格:在图像预览区显示和隐藏网格。

网格大小:设置网格的大小。

网格颜色:设置网格的颜色。

显示蒙版:在图像预览区显示和隐藏蒙版。

蒙版颜色:设置蒙版的颜色。

显示背景:在图像预览区显示和隐藏背景幕布(即图像中的其他图层)。

使用:选择某个图层作为背景幕布。

模式:确定背景幕布与当前图层及变形网格的叠加方式。

不透明度:通过改变不透明度值调整背景幕布与当前图层及变形网格的叠加效果。

5.3 案 例 专 题

滤镜项目训练

1. 项目要求

①绘制"火焰字"特效。

②文件大小为 20 cm×10 cm,分辨率 72 ppi,RGB,8 位,白色背景。

③滤镜特效清晰明确,程度合理。

④字体效果完整,符合规范样式。

⑤颜色调节适度合理。

2. 项目分析

本节重点了解滤镜的一般知识以及配合滤镜所使用的颜色模式变化规律。本节应掌握滤镜的应用、颜色模式的转换、图层、选区的创建与编辑等操作方法。通过本节训练,重点在于对滤镜的理解与应用,特别是对图层的颜色调节与把握。

3. 项目制作

(1)新建文件

尺寸 20 cm×10 cm,灰度模式,8 位,黑色背景,分辨率 72 ppi,名称为"火焰字",如图 5-1 所示。

(2)选取前景色为白色

使用合适字体在图像中输入"火焰字",新建文字图层。字体为"方正魏碑",字号为 100 点,其他字符调板参数如图 5-2 所示。

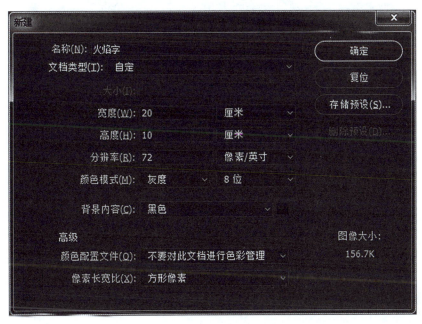

图 5-1　新建文件

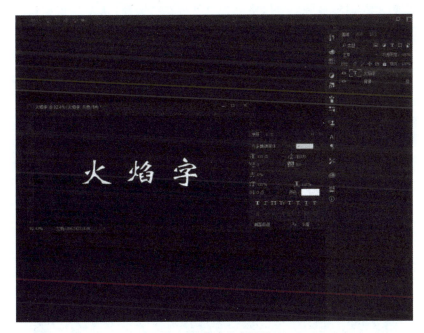

图 5-2　新建文字图层

(3) 复制文字图层

将其栅格化变为普通图层,选择"编辑|变换|顺时针旋转 90°"命令,使新图层垂直于原文字图层,如图 5-3 所示。

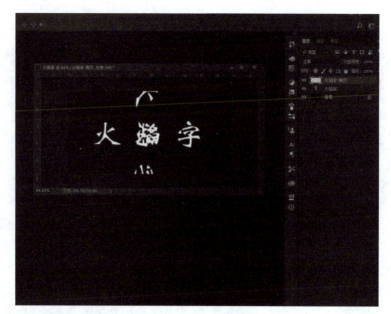

图 5-3 复制文字图层

(4) 设置效果

针对该普通图层选择"滤镜"|"风格化"|"风"命令,选择"从左",依据情况可重复使用几次以达到想要的效果,如图 5-4 所示。

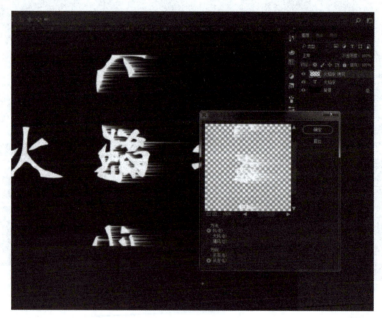

图 5-4 设置效果

针对该普通图层选择"编辑"|"变换"|"逆时针旋转 90°"命令,将图像回正,此时,普通图层与原文字图层有位置上的差别,需手动将两个图层的文字部分完全重合,如图 5-5 所示。

图 5-5　文字重合

针对普通图层中"风"的部分的像素进行滤镜特效处理,使其文字部分不动,风的部分产生波纹效果。通过 Ctrl + 单击图层图标,获得文字图层的选区,按 Ctrl + Shift + I 键执行反选,在普通图层上选择"滤镜"|"扭曲"|"波纹"命令,如图 5-6 所示。

图 5-6　滤镜特效

(5)制作火焰字

选择"图像|模式|索引颜色"命令,拼合图层,将灰度图像转化为索引颜色图像,如图 5-7 所示。

选择"图像|模式|颜色表"命令,打开索引颜色表,选择上方的颜色表为"黑体",如图 5-8 所示。

(6)颜色调节

此时,火焰字的大体效果已经具备,但颜色偏艳,火焰与文字相互混淆,需要进行下一步的颜色调整。选择"图像|调整|曲线"命令,完成火焰字的最终制作。调整参数如图 5-9 所示。

图 5-7　执行"索引颜色"命令

图 5-8　索引颜色表

图 5-9　调整参数

4．项目总结

通过火焰字特效的设计训练,应意识到滤镜操作的深层次原理,与图层样式特效不同,滤镜是针对像素的"手术"与"整容",而图层样式则是针对像素的"化妆"与"穿戴",两者有着本质的区别。同时也应意识到,诸如滤镜、图层样式、图层混合模式、颜色调节等图层特效技法需要长期的经验总结和实践应用,在校期间应把精力集中于现有基础原理的理解与掌握,并结合实践训练达到理论联系实际的功效。

> **素质拓展专题**　通过滤镜的学习,我们了解了滤镜在处理平面特效时的功能。由此,我们引申了解一下我国的文化创意产业。
>
> 　　文化创意产业(Cultural and Creative Industries,CCI)是一种在经济全球化背景下产生的以创造力为核心的新兴产业,强调一种主体文化或文化因素依靠个人(团队)通过技术、创意和产业化的方式开发、营销知识产权的行业。
>
> 　　文化创意产业主要包括广播影视、动漫、音像、传媒、视觉艺术、表演艺术、工艺与设计、雕塑、环境艺术、广告装潢、服装设计、软件和计算机服务等方面的创意群体,除在既有制造业的优势下寻找出路外,也开始重视文化创意产业的发展。

第 6 章 路 径

6.1 路径概述

6.1.1 路径简介

路径工具是 Photoshop 中精确的选取工具之一,适合选择边界弯曲而平滑的对象,如人物、静物、花瓣、心形等。路径是矢量对象,具有矢量图形的优点,在 Photoshop 中有很强大的矢量绘图功能,为用户的矢量图形创建需求提供了方便。

Photoshop 的路径工具包括"钢笔工具组""形状工具组"和"路径编辑工具组"。其中,"钢笔工具组"和"形状工具组"可用于创建路径和形状,"路径编辑工具组"用于编辑和调整路径。在对路径操作时,可以通过调整方向线的长度与方向或移动锚点的位置改变路径曲线的形状。常见的路径形态如图 6-1 所示。

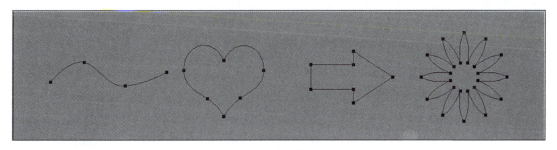

图 6-1 常见的路径形态

路径是矢量对象,具有矢量图形的优点,Photoshop 具有很强的矢量绘图功能,它在矢量绘画方面几乎可以与专业矢量软件媲美。

6.1.2 路径基本概念

连接路径上各线段的节点叫做锚点。锚点分两类:平滑点和角点。角点又分为有方向线的角点和无方向线的角点两种。与其他相关矢量软件类似,Photoshop 通过调整方向线的长度与方向改变路径曲线的形状,如图 6-2 所示。

①"平滑点"是指在改变锚点单侧方向线的长度与方向时,另一侧的方向线会随之做相应的调整,使锚点两侧的方向线始终保持在同一方向上,而且通过平滑点的路径是光滑的。值

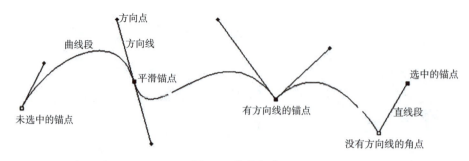

图 6-2　路径组成

得注意的是,平滑点两侧的方向线长度不一定相等,平滑点形态如图 6-3 所示。

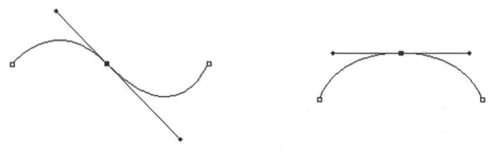

图 6-3　平滑点形态

②无方向线的角点:"无方向线角点"不含方向线,不能通过调整方向线改变路径的形状,只能通过移动锚点的位置改变路径的形状。如果与无方向角点相邻的锚点也是无方向线角点,则两者之间的连线为直线路径,否则为曲线路径,如图 6-4 所示。

图 6-4　通过无方向线角点的路径

③有方向线的角点:"有方向线角点"两侧的方向线一般不在同一方向上,有时仅含单侧方向线。有方向线角点两侧方向线可分别调整,互不影响,角点形态如图 6-5 所示。

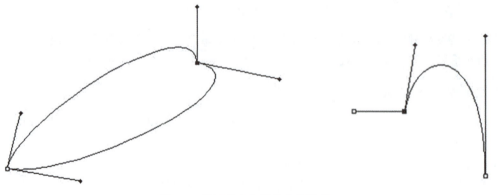

图 6-5　通过有方向线角点的路径

6.2 路径基本操作

6.2.1 创建路径

1. 使用钢笔工具创建路径

"钢笔工具"的位置在"工具栏"的中下部,默认状态是"钢笔工具"。将光标放在"钢笔工具"上右击时,会弹出钢笔工具组,钢笔工具的选项栏如图 6-6 所示。

图 6-6 钢笔工具选项栏

①创建直线路径:在图像中单击生成第一个锚点,移动光标再次单击生成第二个锚点,同时前后两个锚点之间由直线路径连接起来。依次下去形成折线路径。要结束路径可按住 Ctrl 键,在路径外单击,形成开放路径,如图 6-7(a)所示。要创建封闭路径,只要将光标定位在第一个锚点上(此时指针旁出现一个小圆圈)单击,如图 6-7(b)所示。

在创建直线路径时,按住 Shift 键可沿水平、竖直或 45°角倍数的方向绘制路径。构成直线路径的锚点不含方向线,又称直线角点。

(a)折线开放路径   (b)折线闭合路径

图 6-7 直线路径

②创建曲线路径:在确定路径的锚点时,若按住左键拖动鼠标,则前后两个锚点由曲线路径连接起来。若前后两个锚点的拖动方向相同,则形成 S 形路径,如图 6-8(a)所示。若拖动方向相反,则形成 U 形路径,如图 6-8(b)所示。结束创建曲线路径的方法与直线路径相同。

S 形路径   U 形路径

图 6-8 曲线路径

钢笔工具的选项栏参数如下。

"形状图层"、"路径"和"像素"按钮:用于创建不同性质的路径。

"自由钢笔工具"按钮:使用自由钢笔工具创建路径或形状图层。

"橡皮带"复选框:"橡皮带"复选框用于在使用钢笔工具创建路径时,在最后生成的锚点和光标所在位置之间会出现一条临时连线,以协助确定下一个锚点。

"自动添加/删除"复选框:选中该复选框,将钢笔工具移到路径上,单击可在路径上增加一个锚点。将钢笔工具移到路径的锚点上,单击可删除该锚点。

"形状路径"按钮组:创建形状路径。

"路径运算"按钮组:包括"合并形状""减去顶层形状"等6种类型,用于路径的运算(与选区的运算类似)。

2. 使用自由钢笔工具创建路径

自由钢笔工具可以用来以手绘的方式创建路径,操作比较随意。Photoshop 将根据所绘路径的形状在路径的适当位置自动添加锚点。

创建路径时,选择自由钢笔工具,在选项栏上选择"路径"按钮,在图像中按住左键拖动鼠标,路径尾随着指针自动生成,释放鼠标按键可结束路径的绘制。若要继续在现有路径上绘制路径,可将指针定位在路径的端点上,光标旁出现连接标志,并拖动鼠标。

要创建封闭的路径,只要拖动鼠标回到路径的初始点(此时指针旁出现一个小圆圈)松开鼠标按键。此外,配合 Shift 键可绘制规范的路径。同时,设置前景色后,在"路径"调板上单击"用前景色填充路径"按钮,可对路径填色。

3. 使用形状工具创建路径

选择任一形状工具,在选项栏上选择"路径"按钮,可创建不同形状的路径。

6.2.2 显示与隐藏锚点

当路径上的锚点被隐藏时,使用直接选择工具在路径上单击,可显示路径上所有锚点。反之,使用直接选择工具在显示锚点的路径外单击,可隐藏路径上所有锚点。

6.2.3 转换锚点

使用转换点工具可以转换锚点的类型,具体操作如下。

1. 将无方向线角点转化为平滑点或有方向线角点

选择转换点工具,将光标定位于要转换的无方向线角点上,按住左键拖动,可将其转化为平滑锚点。将光标定位于平滑锚点的方向点上,按住左键拖动,平滑锚点可转换为有方向线的角点。继续拖动方向点,改变单侧方向线的长度和方向,进一步调整锚点单侧路径的形状,如图6-9所示。

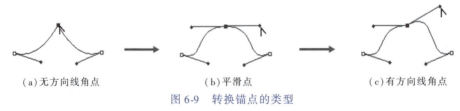

(a)无方向线角点　　　　(b)平滑点　　　　(c)有方向线角点

图 6-9　转换锚点的类型

2. 将平滑点或有方向线角点转化为无方向线角点

若锚点为平滑点或有方向线角点，使用转换点工具在锚点上单击，可将锚点转换为无方向线角点。在调整路径时，使用直接选择工具拖动锚点或方向点不会改变锚点的类型，如图 6-10 和图 6-11 所示。

图 6-10　平滑点转化为无方向线角点　　图 6-11　有方向线角点转化为无方向线角点

3. 将平滑点转化为有半条方向线的角点（删除半条方向线）

在具体绘制路径的过程中，经常会遇到两段路径连续绘制的情况，当建立完一段曲线路径后，生成的平滑点由两条方向线控制，这就很有可能影响下一段路径的走势。因此，在绘制下一段路径前须去除平滑点的半边方向线，从而使新的路径不受制约。具体方法如下。

①建立带有平滑点的路径。

②在最新的平滑点建立后，按住 Alt 键，将鼠标移动至新平滑点上，此时光标变为钢笔下带有小转换点图标形态。

③在新平滑点处单击鼠标，删除半边方向线，此时平滑点转化为带有半边方向线的角点。

④继续绘制下一段路径。

提示：当为平滑点去除半边方向线后，此时可继续绘制下一段路径，但要注意保持两段路径连接的顺畅，因此，在去除半边方向线之前应预先控制好平滑点的走势及方向线的状态。

6.2.4　选择与移动锚点

使用直接选择工具既可以选择锚点，也可以改变锚点的位置，方法如下（需使锚点全部显示）。

①选择直接选择工具。

②在锚点上单击，选中单个锚点（空心方块变成实心方块）。选中的锚点若含有方向线，方向线将显示出来。

③在锚点上拖动鼠标改变单个锚点的位置。

④选中单个锚点后，按住 Shift 键在其他锚点上单击，可继续加选锚点。也可以通过框选的方式选择多个锚点。

⑤选中多个锚点后，在其中一个锚点上拖动鼠标，可同时改变选中的所有锚点的位置。当然，通过这种方式也可以移动与所选锚点相关的部分路径。

6.2.5　添加与删除锚点

添加与删除锚点的常用方法如下。

①选择钢笔工具，在选项栏上勾选"自动添加/删除"复选框。

②将光标移到路径上要添加锚点的位置（光标变成形状），单击可添加锚点。当然，也可以直接使用添加锚点工具在路径上添加锚点。添加锚点并不会改变路径的形状。

③将光标移到要删除的锚点上(光标变成形状),单击可删除锚点。当然,也可以直接使用删除锚点工具删除锚点。删除锚点后,路径的形状将重新调整,以适合其余的锚点。

6.2.6 选择与移动路径

选择与移动路径的常用方法如下。
①选择路径选择工具。
②在路径上单击即可选择整个路径。在路径上拖动鼠标可改变路径的位置。
③若路径由多个子路径(又称路径组件)组成,单击可选择一个子路径。按住 Shift 键在其他子路径上单击,可继续加选子路径。也可以通过框选的方式选择多个子路径。
④选中多个子路径后,拖动其中一个子路径可同时改变选中的所有子路径的位置。

6.2.7 存储工作路径

在 Photoshop 中,新创建的路径将以临时工作路径的形式存放于"路径"调板。在工作路径未被选择的情况下,再次创建路径,新的工作路径将取代原有工作路径。有时为了防止重要信息的丢失,必须将工作路径存储起来。

在工作路径上双击,将弹出"存储路径"对话框,如图 6-12 所示。常用方法有以下两种。

图 6-12 "存储路径"对话框

①将工作路径拖动到"路径"调板上的"创建新路径"按钮上,松开鼠标。
②在工作路径上双击,弹出"存储路径"对话框,如图 6-12 所示,输入路径名称(或采用默认设置),单击"确定"按钮。

6.2.8 删除路径

要想删除子路径,可在选择子路径后按 Delete 键。
要想删除整个路径,可打开"路径"调板,在要删除的路径上右击,从弹出菜单中选择"删除路径"命令。或将要删除的路径直接拖动到"删除当前路径"按钮上。

6.2.9 显示与隐藏路径

在"路径"调板底部的灰色空白区域单击,取消路径的选择,可以在图像中隐藏路径。在"路径"调板上单击选择要显示的路径,可以在图像中显示该路径。一次只能选择和显示一条路径。

6.2.10 重命名已存储的路径

打开"路径"调板，双击已存储路径的名称，在"名称"编辑框内输入新的名称，按 Enter 键或在"名称"编辑框外单击。

6.2.11 复制路径

1. 在图像内部复制路径

复制路径包括复制子路径和复制全路径两种情况。其中复制子路径的操作是在图像中进行的，方法如下。

①选择路径选择工具。
②按住 Alt 键，使用鼠标在图像中拖动要复制的路径。

复制全路径的操作是在"路径"调板上进行的，方法如下。

打开"路径"调板，将要复制的路径拖动到调板底部的"创建新路径"按钮上，松开鼠标按键，即可复制出原路径的一个副本。

2. 不同图像间复制路径

在不同图像间复制路径的常用方法如下。

①使用路径选择工具将要复制的路径从一个图像窗口拖到另一个图像窗口。
②将要复制的路径从当前图像的"路径"调板直接拖动到另一个图像窗口。
③在当前图像窗口中选择要复制的路径或子路径，选择"编辑"|"拷贝"命令，切换到目标图像，选择"编辑"|"粘贴"命令。

3. 路径编辑技巧

留意路径工具的以下快速切换技巧，可以显著提高路径编辑的效率。

①在使用钢笔工具时，按住 Ctrl 键不放，可切换到直接选择工具；按住 Alt 键不放，可切换到转换点工具。
②在使用路径选择工具时，按住 Ctrl 键不放，可切换到直接选择工具。
③在使用直接选择工具时，按住 Ctrl 键不放，可切换到路径选择工具。
④在使用直接选择工具时，将光标移到锚点上，按住 Ctrl + Alt 组合键不放，可切换到转换点工具。
⑤在使用转换点工具时，将光标移到路径上，可切换到直接选择工具。
⑥在使用转换点工具时，将光标移到锚点上，按住 Ctrl 键不放，可切换到直接选择工具。
⑦在使用转换点工具时，将光标移到有双侧方向线的锚点上，按住 Alt 键单击，可去除锚点的单侧方向线。
⑧在使用其他工具时（通常是路径创建工具），按 A 键或 Shift + A 键可直接转换为路径编辑工具，并在路径编辑工具间切换。同样，在使用路径创建工具时，也可按 P 键切换至路径创建工具。

6.2.12 描边路径

"描边路径"对话框如图 6-13 所示，可以使用 Photoshop 基本工具的当前设置，沿任意路径创建绘画描边的效果,操作方法如下。

图 6-13 "描边路径"对话框

①选择路径。在"路径"调板上选择要描边的路径,或使用路径选择工具在图像中选择要描边的子路径。

②选择并设置描边工具。在工具箱上选择描边工具,并对工具的颜色、模式、不透明度、画笔大小、画笔间距等属性进行必要的设置。

③描边路径。在"路径"调板上单击"用画笔描边路径"按钮,可使用当前工具对路径或子路径进行描边。也可以从"路径"调板菜单中选择"描边路径"命令或"描边子路径"命令,弹出相应的对话框,在对话框的下拉列表中选择描边工具(默认为当前工具),单击"确定"按钮。

上述操作中,步骤①和步骤②可以颠倒。

> **知识拓展专题** 描边路径拓展技能
>
> ①描边路径的目标图层是当前图层,操作前应注意选择合适的图层;②按住 Alt 键单击"路径"调板下方的"用画笔描边路径"按钮时,弹出"描边路径"对话框;③若连续单击"用画笔描边路径"按钮则会累积描边效果。

6.2.13 填充路径

"填充路径"对话框如图 6-14 所示,可以将指定的颜色、图案等内容填充到指定的路径区域,操作方法如下。

①选择路径。在"路径"调板上选择要填充的路径,或使用路径选择工具在图像中选择要填充的子路径。

②在"路径"调板上单击"用前景色填充路径"按钮,可使用当前前景色填充所选路径或子路径。也可以从"路径"调板菜单中选择"填充路径"命令,弹出相应的对话框,根据需要设置好参数,单击"确定"按钮。

"内容":选择填充内容,有"前景色""背景色""自定义颜色""图案"等。

图 6-14 "填充路径"对话框

模式:选择填充的混合模式。

不透明度:指定填充的不透明度。

保留透明区域:勾选该复选框,在当前图层上禁止填充所选路径范围内的透明区域。

羽化半径:设置要填充路径区域的边缘羽化程度。

消除锯齿:在路径填充区域的边缘生成平滑的过渡效果。

提示:①填充路径是在当前图层上进行的,操作前应注意选择合适的图层;②按住 Alt 键单击"路径"调板下方的"用前景色填充路径"按钮时,会弹出"填充路径"对话框。

6.2.14 路径与选区间的转化

1. 路径转化为选区

创建路径的目的通常是要获得同样形状的选区,以便精确地选择对象。路径转化为选区的常用方法如下。

①在"路径"调板上选择要转化为选区的路径,或使用路径选择工具在图像中选择特定的子路径。

②单击"路径"调板底部的"将路径作为选区载入"按钮(载入的选区将取代图像中的原有选区)。也可以从"路径"调板菜单中选择"建立选区"命令,弹出"建立选区"对话框(如图 6-15 所示),根据需要设置好参数,单击"确定"按钮。

羽化半径:指定选区的羽化值。

消除锯齿:在选区边缘生成平滑的过渡效果。

操作:指定由路径转化的选区和图像中原有选区的运算关系。

图 6-15 "建立选区"对话框

上述操作完成后,有时图像中会出现选区和路径同时显示的状态,这往往会影响选区的正常编辑。此时,应注意将路径隐藏起来。

提示:①将路径转化为选区的快捷键为 Ctrl + Enter;②将路径转化为选区后通常要进行相应的羽化处理。

2. 选区转化为路径

通过任何方式获得的选区都可以转换为路径。但是,边界平滑的选区往往不能按原来的形状转换为路径。

选区转化为路径的常用方法有下面两种(假设选区已存在)。

①在"路径"调板上单击"从选区生成工作路径"按钮 。

②在"路径"调板菜单中选择"建立工作路径"命令,在弹出的"建立工作路径"对话框中输入容差值,单击"确定"按钮。

> **知识拓展专题** "容差"的理解
>
> 容差的取值范围为 0.5~10 像素,用于设置"建立工作路径"命令对选区形状微小变化的敏感程度。取值越高,转换后的路径上锚点越少,路径也越平滑。另外,不论采用哪一种方法,选区转化为工作路径时都无法保留原有选区上的羽化效果。

知识拓展专题 路径的编辑技巧

使用路径工具时,掌握快速切换技巧可以显著提高路径编辑的效率。

①在使用"钢笔工具"时,按住 Ctrl 键不放,可切换到"直接选择工具";按住 Alt 键不放,可切换到"转换点工具"。

②在使用"路径选择工具"时,按住 Ctrl 键不放,可切换到"直接选择工具"。

③在使用"直接选择工具"时,按住 Ctrl 键不放,可切换到"路径选择工具"。

④在使用"直接选择工具"时,将光标移到锚点上,按住 Ctrl + Alt 键不放,可切换到"转换点工具"。

⑤在使用"转换点工具"时,将光标移到路径上,可切换到"直接选择工具"。

⑥在使用"转换点工具"时,将光标移到锚点上,按住 Ctrl 键不放,可切换到"直接选择工具"。

⑦在使用"转换点工具"时,将光标移到有双侧方向线的锚点上,按住 Alt 键单击,可去除锚点的单侧方向线。

⑧在使用其他工具时(通常是路径创建工具),按 A 键或 Shift + A 键可直接转换为路径编辑工具,并在路径编辑工具之间切换。同样,在使用路径创建工具时,也可按 P 键切换至路径创建工具。

素质拓展专题 社会主义核心价值观

党的十八大提出,倡导富强、民主、文明、和谐,倡导自由、平等、公正、法治,倡导爱国、敬业、诚信、友善,积极培育和践行社会主义核心价值观。富强、民主、文明、和谐是国家层面的价值目标,自由、平等、公正、法治是社会层面的价值取向,爱国、敬业、诚信、友善是公民个人层面的价值准则,这 24 个字是社会主义核心价值观的基本内容。

6.3 路径高级操作

6.3.1 文字沿路径排列

文字沿路径排列是 Photoshop 的一项强大的功能,可以产生一种优雅而活泼的视觉效果,如图 6-16 所示。具体操作如下。

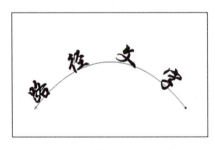
(a)创建路径文字

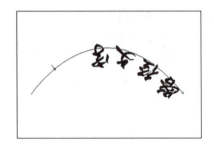
(b)文字拖动到路径对侧

图 6-16 文字沿路径排列

1. 文字沿开放路径排列

① 根据需要创建路径。

② 选择横排文字工具或直排文字工具，光标定位在路径上，当显示"将文字插入路径"指示符的时候单击，路径上出现插入点，输入文字内容。

③ 选择路径选择工具或直接选择工具，将光标置于路径文字上，当出现"拖动路径上的文字"指示符的时候单击并沿路径拖动文字，可改变文字在路径上的位置。若拖动时跨过路径，文字将翻转到路径的另一侧。

④ 当选择路径文字所在图层的时候，在"路径"调板上将显示对应的文字路径。使用路径选择工具改变该路径的位置，或使用直接选择工具等调整其形状，文字也随着一起变化。

⑤ 同样的，使用横排文字工具也可以在每条子路径上创建路径文字。

2. 文字在闭合路径内部排列

对于闭合路径，文字除了能够沿路径曲线书写外，还可以排列在路径内，操作如下。

① 创建封闭的路径。

② 选择横排文字工具或直排文字工具，对准闭合路径后出现(I)图标，在封闭路径内单击，确定插入点，输入文字内容，如图 6-17 所示。

图 6-17　文字在闭合路径内部排列

6.3.2　文字转化为路径

文字转化为路径可以提取文字的边缘转换为路径，这项功能为设计师使用计算机进行字体设计带来了很大的方便。

① 使用"横排文字工具"或"直排文字工具"创建文字。

② 选择文字图层，选择"文字"｜"创建工作路径"命令，Photoshop 软件便会基于当前文字的轮廓创建工作路径。

③ 使用"钢笔工具""直接选择工具"和"转换点工具"等对文字路径进行调整，如图 6-18 所示。

 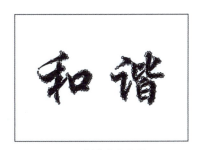

(a) 创建工作路径　　　　　　　　(b) 调整文字路径

图 6-18　调整文字路径

6.3.3 路径运算

路径运算类似于选区的运算,指的是子路径之间的运算,不同路径之间不能直接进行运算。

1. 路径创建时的运算

在使用钢笔工具、形状工具等创建路径时,可以根据实际需要,利用选项栏上的按钮对先后创建的路径进行计算。各按钮作用如下。

添加到路径区域:将新创建的路径区域添加到已有的路径区域中。

从路径区域减去:从已有路径区域中减去与新建路径区域重叠的区域。

交叉路径区域:将新建路径区域与已有路径区域进行交集运算。

排除重叠路径区域:从新建路径和已有路径区域的并集中排除重叠的区域。

2. 路径创建后的运算

路径在创建时不管采用何种运算关系,创建好之后仍可以对其中两个或两个以上的子路径选择新的运算方法,并重新进行运算。举例如下。

①使用形状工具,在选项栏上选择"添加到路径区域"按钮,如图 6-19 所示。

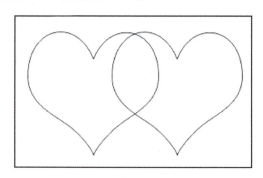

图 6-19　添加到路径区域

②使用"路径选择工具"框选两个子路径,分别单击菜单上的"合并形状""减去顶层形状""与形状区域相交"和"排除重叠路径区域"按钮,得到不同于原来的其他结果,如图 6-20 所示。

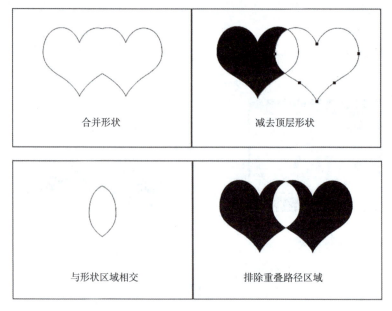

图 6-20　得到不同于原来的其他结果

③最后单击菜单上的"组合"按钮,Photoshop 软件将根据所选运算关系,将参与运算的多个子路径合并为一个子路径。

6.3.4 子路径的对齐与分布

子路径的对齐与分布和图层的对齐与分布类似。操作步骤如下。
①选择路径选择工具,选择要参与对齐或分布操作的子路径。
②单击选项栏上的对齐或分布按钮,如图 6-21 所示。

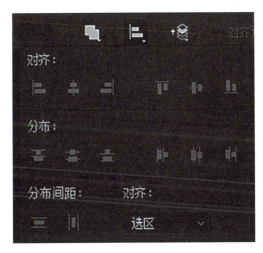

图 6-21 子路径的对齐与分布

6.3.5 路径的变换

路径的变换与图层或选区的变换类似。操作方法如下。
①选择路径选择工具,选择要进行变换的路径或子路径。
②选择"编辑"|"自由变换路径"命令或"编辑"|"变换路径"菜单下的一组命令进行变换(注意选项栏参数)。

> 素质拓展专题 通过路径的学习,我们了解到路径是规划 PS 软件设计元素形态的主要手段。下面我们引申了解一下中国特色社会主义道路的内涵。
>
> 中国特色社会主义道路是中国共产党对现阶段纲领的概括,是中国人民的历史选择,是实现中国梦的必由之路。
>
> 中国特色社会主义道路,就是在中国共产党领导下,立足基本国情,以经济建设为中心,坚持四项基本原则,坚持改革开放,解放和发展社会生产力,建设社会主义市场经济、社会主义民主政治、社会主义先进文化、社会主义和谐社会、社会主义生态文明,促进人的全面发展,逐步实现全体人民共同富裕,建设富强、民主、文明、和谐、美丽的社会主义现代化强国,实现中华民族伟大复兴。
>
> 中国特色社会主义道路是近代以来中国人民经过艰辛探索最终选择的现代化道路,是中国共产党和中国人民在长期实践中逐步开辟出来的道路。党的十六大以来我国经济社会发展的伟大成就再一次证明,中国特色社会主义道路是唯一正确的道路。

中国特色社会主义道路来之不易，它是在改革开放40多年的伟大实践中走出来的，是在中华人民共和国成立70多年的持续探索中走出来的，是在对近代以来180多年中华民族发展历程的深刻总结中走出来的，是对世界社会主义500年发展规律的把握中走出来的，是在对中华民族5 000多年悠久文明的传承中走出来的，具有深厚的历史渊源和广泛的现实基础。

第7章 蒙 版

7.1 蒙版概述

"蒙版"起源于传统的摄影和绘画。需要控制画面的编辑区域时,一些画家会根据需要将塑料薄板或硬纸板的部分区域挖空,做成一个称为"蒙版"的工具,覆盖在画面上,通过这种方法,可以在修改画面的同时保护被"蒙版"遮挡的区域。有时摄影师在冲洗底片前,通常也会将部分挖空的"蒙版"置于底片与感光纸之间,对底片进行局部曝光。

在 Photoshop 中,蒙版主要用于创建选区或控制图像在不同区域的显隐情况。根据用途和存在形式的不同,可将蒙版分为快速蒙版、剪贴蒙版、图层蒙版和矢量蒙版等多种。蒙版有时也被称为遮罩。和路径一样,蒙版不是 Photoshop 特有的工具,诸如 CorelDRAW、Flash、Fireworks、Premiere 等相关软件中都有蒙版的使用。由此可见,蒙版是一个相当重要的工具。

7.2 快速蒙版

7.2.1 使用快速蒙版编辑选区

"快速蒙版"主要用于编辑或修补选区、完成抠图等操作。在工具栏中,可以使用"以快速蒙版模式编辑"或"以标准模式编辑"按钮进行编辑状态的快速切换。

"以快速蒙版模式编辑"或"以标准模式编辑"按钮的位置在"拾色器"下方,默认状态为"以快速蒙版模式编辑",单击后切换为"以标准模式编辑"状态。也可以通过执行"选择"→"在快速蒙版模式下编辑"命令完成编辑状态的切换。

双击"以快速蒙版模式编辑"或"以标准模式编辑"按钮,弹出"快速蒙版选项"对话框,如图 7-1 所示。

① "色彩指示"选项组中包含"被蒙版区域"和"所选区域"两个单选项。选择"被蒙版区域",工具栏中"以标准模式编辑"按钮显示为白色小球。同时,在图像中用黑色绘画可扩大蒙版区域,用白色绘画可扩大选区。选择"所选区域",工具箱上的"以标准模式编辑"按钮显示为黑色小球。同时,在图像中用黑色绘画可扩大选区,用白色绘画可扩大蒙版区域。

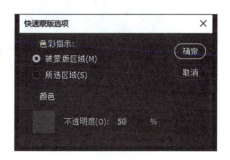

图 7-1 快速蒙版选项

②"颜色"选项组中"拾色器"用于选择快速蒙版在图像中的指示颜色,在默认状态下为红色;"不透明度"用于设置图像中快速蒙版指示颜色的不透明度,默认值为50。

"颜色"和"不透明度"的设置仅仅影响快速蒙版的外观,对其作用不产生任何影响。设置的目的是使快速蒙版与图像的颜色对比更加分明,以便对快速蒙版进行编辑。

以抠图操作为例,介绍"快速蒙版"的使用方法,具体操作步骤如下。

①打开素材图片,创建需要蒙版的选区。

②利用套索工具或其他选区工具,将选区尽量修整完全。

图 7-2　快速蒙版

③在菜单栏中,执行"选择"→"在快速蒙版模式下编辑"命令,进入快速蒙版编辑状态。默认状态下,图片中将会出现有 50 透明度的红色区域,表示蒙版。其他颜色代表选区外部,如图 7-2 所示。

④选择硬度与透明度合适的画笔在边缘进行修整。

⑤选择软边画笔,适当降低工具的不透明度,用黑色涂抹上述滤镜处理后的平滑边缘,在边缘创建透明的选区。

⑥打开"通道"选项卡,隐藏 RGB 复合通道,如图 7-3 所示。

⑦显示 RGB 复合通道,单击"以标准模式编辑"按钮,返回标准编辑状态。

⑧执行"图层"→"新建"→"通过复制的图层"命令,将图像复制到新建图层上。隐藏背景层,查看所选图像在透明背景上的效果,完成抠图。效果如图 7-4 所示。

图 7-3　隐藏 RGB 复合通道

图 7-4　完成抠图

7.2.2　修改快速蒙版参数

双击工具箱底部的"以快速蒙版模式编辑"按钮或"以标准模式编辑"按钮,打开"快速蒙版选项"对话框。各项参数的作用如下。

被蒙版区域:选中该单选按钮,工具箱上的"以标准模式编辑"按钮显示为白色小球。同时,在图像中用黑色绘画可扩大蒙版区域(选区外部),用白色绘画可扩大选区。

所选区域:选中该单选按钮,工具箱上的"以标准模式编辑"按钮显示为黑色小球。同时,在图像中用黑色绘画可扩大选区,用白色绘画可扩大蒙版区域(选区外部)。

颜色框:单击打开 Photoshop"拾色器"对话框,选择快速蒙版在图像中的指示颜色(默认色为红色)。

不透明度:设置图像中快速蒙版指示颜色的不透明度,默认值为 50%。

上述颜色和不透明度的设置仅仅影响快速蒙版的外观,对其作用不产生任何影响。设置的目的是为了使快速蒙版与图像的颜色对比更加分明,以便对快速蒙版进行编辑。

7.3 剪贴蒙版

剪贴蒙版是一种比较灵活的蒙版,可以通过一个基底图层控制多个内容图层的显示区域。剪贴蒙版不仅是 Photoshop 合成图像的主要技术之一,还常用于遮罩动画的制作。

7.3.1 创建剪贴蒙版

创建"剪贴蒙版"的步骤如下。

①打开素材,分别创建"背景层""蒙版层"和"图像层"三个图层,如图 7-5 所示。

②选择图像层,执行"图层"→"创建剪贴蒙版"命令。也可按住 Alt 键,将光标移至"图层"调板上"图像层"与"蒙版层"的分隔线上,此时光标显示为双环剪贴形状,单击。

"剪贴蒙版"创建完成后,带有图标并向右缩进的图层称为"内容图层",又叫"图像层"。"内容图层"可以是连续的多个。

所有"内容图层"下面的图层称为"基底图层",又叫"笔刷层",这类图层名称上带有下画线,非常容易辨认。"基底图层"充当了"内容图层"的蒙版,其中包含像素的区域决定了"内容图层"的显示范围,如图 7-6 所示。

③"基底图层"中像素的颜色对"剪贴蒙版"的效果无任何影响,仅仅用于区分范围,像素的不透明度控制着"内容图层"的显示程度。不透明度越高,显示程度越高。

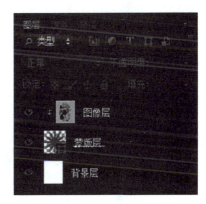

图 7-5 创建图层

7.3.2 释放剪贴蒙版

选择"剪贴蒙版"中的"基底图层",执行"图层"→"释放剪贴蒙版"命令可释放该基底图层的所有内容图层。按住 Alt 键在"内容图层"与下面图层的分隔线上单击,也可释放"内容图层"。

图 7-6 显示范围

7.4 图层蒙版

图层蒙版附着在图层上，能够在不破坏图层的情况下控制图层上不同区域像素的显隐程度。图层蒙版是以 8 位灰度图像的形式存储的，其中黑色表示所附着图层的对应区域完全透明，白色表示完全不透明，介于黑白之间的灰色表示半透明，透明的程度由灰色的深浅决定。

借助图层蒙版可以制作一些复杂的图像特效，如图像的无缝对接、将滤镜效果逐渐应用于图像等。仅仅使用普通工具和菜单命令很难实现这些效果。

Photoshop 允许使用所有的绘画与填充工具、图像修整工具以及相关的菜单命令对图层蒙版进行编辑和修改。

1．添加图层蒙版

选择要添加蒙版的图层，采用下述方法之一添加图层蒙版。

①单击"图层"调板上的"添加图层蒙版"按钮，或选择"图层"｜"图层蒙版"｜"显示全部"命令可以创建一个白色的蒙版（图层缩览图右边的附加缩览图表示图层蒙版）。白色蒙版对图层的内容显示无任何影响。

②按住 Alt 键单击"图层"调板上的"添加图层蒙版"按钮，或选择"图层"｜"图层蒙版"｜"隐藏全部"命令，可以创建一个黑色的蒙版。黑色蒙版隐藏了对应图层的所有内容，如图 7-7 所示。

显示全部的蒙版

隐藏全部的蒙版

图 7-7　黑色蒙版

③在存在选区的情况下，单击"图层"调板上的"添加图层蒙版"按钮，或选择"图层"｜"图层蒙版"｜"显示选区"命令，将基于选区创建蒙版。此时，选区内的蒙版填充白色，选区外的蒙版填充黑色。按住 Alt 键单击"图层"调板上的"添加图层蒙版"按钮，或选择"图层"｜"图层蒙版"｜"隐藏选区"命令，所产生的蒙版恰恰相反，如图 7-8 所示。

图 7-8　蒙版效果

背景层和全部锁定的图层不能直接添加图层蒙版。只有将背景层转换为普通层或取消图层的全部锁定后,才能添加图层蒙版。

2. 启用和停用图层蒙版

按住 Shift 键,在"图层"调板上单击图层蒙版的缩览图可停用图层蒙版。此时,图层蒙版的缩览图上出现红色"×"号标志,图层蒙版对图层不再有任何作用,就像根本不存在一样。

按住 Shift 键,在已停用的图层蒙版的缩览图上单击,红色"×"号标志消失,图层蒙版重新被启用。也可在选择图层蒙版后通过选择"图层"|"图层蒙版"菜单下的"停用"命令和"启用"命令达到相同的目的。

3. 删除图层蒙版

在"图层"调板上选择图层蒙版的缩览图,单击调板上的按钮,或选择"图层"|"图层蒙版"|"删除"命令,弹出提示框。单击"应用"按钮,将删除图层蒙版,同时蒙版效果被永久地应用在图层上(图层被改变)。单击"删除"按钮,则在删除图层蒙版后蒙版效果不会应用到图层上。

4. 在蒙版与图层之间切换

在"图层"调板上选择添加了图层蒙版的图层后,若图层蒙版缩览图的周围显示有白色边框,表示当前层处于蒙版编辑状态,所有的编辑操作都是作用在图层蒙版上,当前图层在蒙版的保护下可免遭破坏。此时,若单击图层缩览图可切换到图层编辑状态。若图层缩览图的周围显示有白色边框,表示当前层处于图层编辑状态,所有的编辑操作针对的都是当前图层,对蒙版没有任何影响。此时,若单击图层蒙版缩览图可切换到蒙版编辑状态。

另一种辨别的方法是,在默认设置下,当图层处于蒙版编辑状态时,工具箱上的"前景色/背景色"按钮仅显示颜色的灰度值。

5. 蒙版与图层的链接

默认设置下图层蒙版与对应的图层是链接的。移动或变换其中的一方,另一方必然一起跟着变动。

在"图层"调板上单击图层缩览图和图层蒙版缩览图之间的链接图标,取消链接关系(图标消失)。此时移动或变换其中的任何一方,另一方不会受到影响。再次在图层缩览图和图层蒙版缩览图之间单击可恢复链接关系。

6. 在图像窗口中查看图层蒙版

为了确切地了解图层蒙版中遮罩区域的颜色分布及边缘的羽化程度,可按住 Alt 键单击图层蒙版的缩览图。这时在图像窗口中就能查看图层蒙版的灰度图像。要在图像窗口中恢复显示图像,可按住 Alt 键再次单击图层蒙版的缩览图。

7. 将图层蒙版转化为选区

按住 Ctrl 键,在"图层"调板上单击图层蒙版缩览图,可在图像窗口中载入蒙版选区,该选区将取代图像中的原有选区。

按住 Ctrl + Shift 键,单击图层蒙版的缩览图;或从图层蒙版的右键菜单中选择"添加图层蒙版到选区"命令,可将载入的蒙版选区与图像中的原有选区进行并集运算。

按住 Ctrl + Alt 键,单击图层蒙版缩览图;或从图层蒙版的右键菜单中选择"从选区中减去图层蒙版"命令,可从图像原有选区中减去载入的蒙版选区。

按住 Ctrl + Shift + Alt 键，单击图层蒙版的缩览图；或从图层蒙版的右键菜单中选择"使图层蒙版与选区交叉"命令，可将载入的蒙版选区与图像中的原有选区进行交集运算。

若图层蒙版的黑白像素间具有柔化的边缘，将蒙版转换为选区后，选区边界线恰好位于蒙版中渐变的黑白像素之间。在选区边框线上，像素的选中程度恰好从边框外的不足 50% 增加到边框内的多于 50%，如图 7-9 所示。

图 7-9　载入羽化边缘的蒙版选区

8．解除图层蒙版对图层样式的影响

虽然图层蒙版仅仅是从外观上影响图层内容的显示，但在带有图层蒙版的图层上添加图层样式时，所产生的效果也受到了蒙版的影响，就像图层上被遮罩的内容根本不存在一样。要解除图层蒙版对图层样式的影响，只要打开"图层样式"—"混合选项"对话框，在"高级混合"选项区中勾选"图层蒙版隐藏效果"复选框即可。

7.5　矢量蒙版

矢量蒙版用于在图层上创建边界清晰的图形。这种图形易于修改，特别是缩放后依然能够保持清晰平滑的边界。

1．添加矢量蒙版

选择要添加矢量蒙版的图层，采用下述方法之一添加矢量蒙版。

①按住 Ctrl 键，单击"图层"调板上的按钮，或选择"图层"｜"矢量蒙版"｜"显示全部"命令，可以创建显示图层全部内容的白色矢量蒙版。

②按住 Ctrl + Alt 键，单击"图层"调板上的按钮，或选择"图层"｜"矢量蒙版"｜"隐藏全部"命令，可以创建隐藏图层全部内容的灰色矢量蒙版。

③在"路径"调板上选择某个路径，按住 Ctrl 键单击"图层"调板上的按钮，或选择"图层"｜"矢量蒙版"｜"当前路径"命令，将基于路径在图层上创建矢量蒙版。

与图层蒙版类似，背景层和全部锁定的图层不能直接添加矢量蒙版。只有将背景层转换为普通图层或取消图层的全部锁定后，才能添加矢量蒙版。

2．编辑矢量蒙版

对矢量蒙版的编辑实际上就是对矢量蒙版中路径的编辑。在"图层"调板上选择带有矢量蒙版的图层后，即可在图像窗口中对矢量蒙版中的路径进行编辑（如移动或变换路径、添加子路径、调整路径形状等）。

3. 删除矢量蒙版

与删除图层蒙版类似。可参阅"图层蒙版基本操作"中的对应内容。

4. 停用或启用矢量蒙版

与停用或启用图层蒙版类似。可参阅"图层蒙版基本操作"中的对应内容。

5. 将矢量蒙版转化为图层蒙版

选择包含矢量蒙版的图层,选择"图层"|"栅格化"|"矢量蒙版"命令,即可将矢量蒙版转化为图层蒙版。

7.6 几种与蒙版相关的图层

1. 调整层

调整层是一种带有图层蒙版或矢量蒙版的特殊图层,可以在不破坏图像原始数据的情况下对其下面的图层进行颜色调整,属于典型的非破坏性图像编辑方式。使用调整层的另一个好处是,在任何时候都可以修改颜色调整参数。

调整层是一个独立的图层,它本身不包含任何像素,却承载着对其下层图像的颜色调整参数。通过调整层上的蒙版还可以控制颜色调整的作用范围和强度。

调整层的使用范围很广。不过遗憾的是,并不是所有的颜色调整命令都能够借助调整层来实现。

2. 填充层

默认设置下填充层是一种带有图层蒙版的特殊图层,填充的内容包括纯色、渐变色和图案 3 种。

通过填充层的不透明度设置和图层蒙版可以控制填充效果的强弱和填充范围。

与调整层类似,在创建填充层时若事先选择了某个路径,则创建的填充层携带的是矢量蒙版,填充内容被限制在封闭的路径内。

3. 形状层

在使用形状工具、钢笔工具或自由钢笔工具时,若在选项栏上选中"形状图层"按钮,可以创建形状层。形状层实际上是一种带有矢量蒙版的填充层。形状层中的矢量蒙版中存放的是用来定义形状的路径,而形状的填充色存放在图层中,如图 7-10 所示。

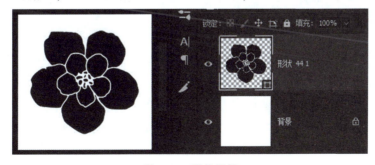

图 7-10 形状图层

> **素质拓展专题** 通过蒙版的学习,我们知道蒙版的原理类似于我国传统绘画形式中的"遮罩"。然而,国画作为我国最具代表性的传统绘画形式,我们却未曾深入了解,下面我们就来引申了解一下。
>
> 国画一词起源于汉代,主要指的是画在绢、宣纸上并加以装裱的卷轴画。国画是中国的传统绘画形式,是用毛笔蘸水、墨、彩作画于绢或纸上。工具和材料有毛笔、墨、国画颜料、宣纸、绢等,题材可分人物、山水、花鸟等,技法可分具象和写意。中国画在内容和艺术创作上,体现了古人对自然、社会及与之相关联的政治、哲学、宗教、道德、文艺等方面的认知。
>
> 我国有书画同源之说,有人认为伏羲画卦、仓颉造字,是为书画之先河。
>
> 中国画历史悠久,远在2 000多年前的战国时期就出现了画在丝织品上的绘画——帛画,这之前又有原始岩画和彩陶画。春秋战国最为著名的有《御龙图》帛画,它是在丝织品上绘画。这些早期绘画奠定了后世中国画以线为主要造型手段的基础。两汉和魏晋南北朝时期,域外文化的输入与本土文化所产生的撞击及融合,使这时的绘画形成以宗教绘画为主的局面,描绘本土历史人物、取材文学作品亦占一定比例,山水画、花鸟画亦在此时萌芽。隋唐时期社会经济、文化高度繁荣,绘画也随之呈现出全面繁荣的局面。山水画、花鸟画已发展成熟,宗教画达到了顶峰,并出现了世俗化倾向;人物画以表现贵族生活为主,并出现了具有时代特征的人物造型。五代两宋又进一步成熟和更加繁荣,人物画已转入描绘世俗生活,宗教画渐趋衰退,山水画、花鸟画跃居画坛主流。而文人画的出现及其在后世的发展,极大地丰富了中国画的创作观念和表现方法。元、明、清三代水墨山水和写意花鸟得到突出发展,文人画和风俗画成为中国画的主流,随着社会经济的逐渐稳定,文化艺术领域空前繁荣,涌现出很多热爱生活、崇尚艺术的伟大画家,历代画家们创作出了名垂千古的传世名画。
>
> 中国画主要分为人物、花鸟、山水这几大类。这是由艺术升华的哲学思考,三者之合构成了宇宙的整体,相得益彰,是艺术的真谛所在。

7.7 案例专题

扁平化图标的临摹

1. 项目要求

①临摹"新浪微博"图标。
②文件大小为955像素×955像素,分辨率72 ppi,RGB,8位,白色背景。
③图标绘制结构规范,特效效果清晰。
④字体效果完整,符合原图图标规范样式。
⑤形状图层利用规范形运算绘制,特殊路径的锚点须简洁、清晰。

2. 项目分析

广义的图标指具有指代意义的图形符号,具有高度浓缩并快捷传达信息、便于记忆的特性。应用范围很广,在公共场合无所不在,例如男女厕所标志和各种交通标志等。狭义的图标是指应用于计算机软件方面,包括程序标识、数据标识、命令选择、模式信号或切换开关、状态指示等。

一个图标是一个小的图片或对象,代表一个文件、程序、网页或命令。图标有助于用户快速执行命令和打开程序文件,也用于在浏览器中快速展现内容。所有使用相同扩展名的文件具有相同的图标。

一个图标实际上是多张不同格式的图片的集合体,并且还包含了一定的透明区域。因为计算机操作系统和显示设备的多样性,导致了图标的大小需要有多种格式。

在本项目中,图标整体由黄、橘黄、红、白、黑五种颜色组成,大致分布于7~8个图层中,个别图层需进行投影特效处理。

在制作图标时,难点在于整体比例与不规则形状的绘制,因此需要改变透明度进行必要的透视临摹。同时,为规范后期处理及形状修正,需摆脱简单的选区与图层,进行细致的路径刻画。

3. 项目制作

(1)打开文件

找到素材文件"weibo",或在百度图片中搜索"新浪微博图标",获得图标素材,在软件中打开。

(2)查看文件

在已打开的文件中执行"图像"→"图像大小"命令,获得图像信息。其中,大小为955像素×955像素,分辨率为72 ppi,RGB,8位,如图7-11所示。

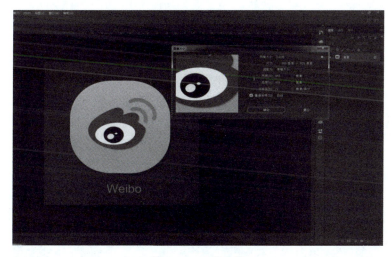

图7-11　查看文件

(3)新建文件

新建一个上述大小的文件,背景为白色,名称为"weibo"。将素材图片复制至新文件,调整位置,关闭素材文件,并把新复制进来的素材图层起名为"素材"。最后单击"图层"调板上方的"锁定位置"按钮,锁定临摹稿,如图7-12所示。

(4)确定大小及位置

为规范标识比例,需预先进行辅助线与辅助图形的绘制。

新建图层,任意绘制一个完整的正方形选区(按住Shift键拖动矩形选框),并填充为天蓝

图 7-12　新建文件

色(与黄色形成明显对比),最后调整天蓝色图层的不透明度为 40%。将图像放大,按 Ctrl + T 键使天蓝色正方形图层上边及左边同时对齐黄色图标的最上缘与最左缘的像素,如图 7-13 所示。对齐上、左两边后对蓝色图层按 Ctrl + T 键,并按住 Shift 键拖动右下角,在保证左上位置不变的情况下,对齐右下两边。最终效果如图 7-14 和图 7-15 所示。

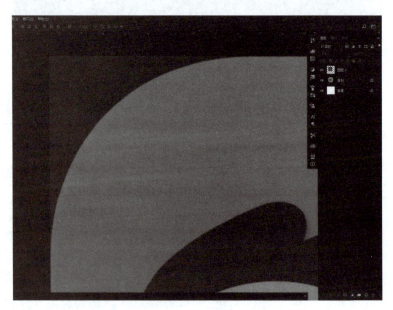

图 7-13　对齐

有了这个蓝色图层作为参考,下一步的参考线建立起来就十分便捷了,参考线在这个图层中心及四周会自动吸附,如果没有这个图层作为参考,失去了参考线的吸附功能,需要手工对齐像素,那样的话建立的参考线不但有可能不是正方形,而且还会存在很大误差。在蓝色方形图形的中心及四周分别拖动建立 6 根参考线,完成标识的比例规范与测量。

图 7-14　对齐右下两边

图 7-15　效果

(5) 绘制底板

选择"圆角矩形工具",并确保工具选项栏中的选项为"形状",在图层中先任意绘制一个圆角矩形形状图层。

第一次绘制的圆角矩形只是实验品,目的是预览一下圆角的弧度,以估算精确的弧度半径数值,如果不成功,则需按 Ctrl + Alt + Z 键重新调整圆角弧度半径数值再次实验,经过反复几次实验后,最终得到精确的圆角矩形形状图层。

在实验圆角半径弧度的过程中,尽量以最左上两条参考线为起点,按住 Shift 键画形状,这样可以第一时间得到精确的数值,经过 2~3 次的实验,很快得出此半径数值为:250 像素。

绘制圆角矩形形状时,不要在意该形状的颜色(颜色可以后期调整),主要精力应放在形状的准确上,绘制完成后,可双击形状图层图标,另外任意改变一个比较鲜艳的颜色,同时调整透明度,观察一下这几层的位置与关系,以检验精确程度,如图 7-16 所示。

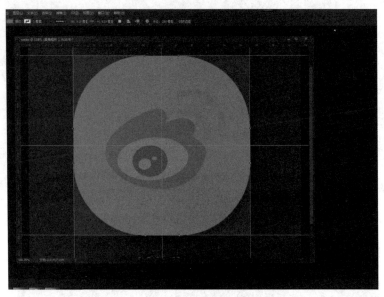

图 7-16　检验精确程度

为两层修改名称分别为"黄色底板"和"蓝色参考",并将"黄色底板"图层的不透明度调整回 100%,并分别隐藏这两层,以露出素材图层,完成吸管取色。

底板上色,底板露出后,黄色底板其实是有由上到下的细微渐变变化,因此双击已被隐藏的"黄色底板"图层,为其添加"渐变叠加"的图层样式,如图 7-17 所示。

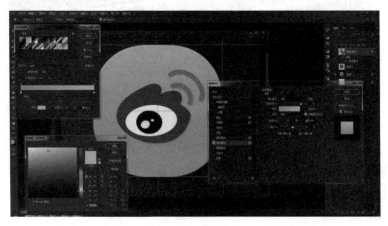

图 7-17　添加图层样式

在"图层样式"参数中,"渐变的角度"设置为 90°,"渐变样式类型"设置为"线性渐变","缩放"设置为 100%。在"渐变编辑器"参数中,"透明度色"设置为 100%~100%,"颜色"色标设置为黄 e9ba5e ~ 黄 f0dd8e。所有参数设置完成后,连续单击"确定"按钮,显示隐藏的"黄色底板"图层,完成底板绘制,如图 7-18 所示。

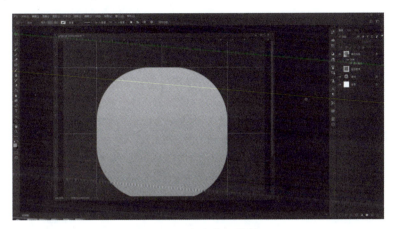

图 7-18　完成底板绘制

在 Photoshop 中,"图层样式"调板、"渐变编辑器"调板、"拾色器"调板这三块调板有依次上下覆盖的关系,即上层调板显示时,下层调板无法移动和编辑,因此,为了实时观察图像、取色等操作提供便利,应事先做好底层调板的位置摆放工作,以免上层调板显示时底层调板成为取色或观察的障碍。

(6)绘制红色火炬图形

隐藏"黄色底板"图层,选择"椭圆工具"(椭圆图形绘制工具),在图像中合适位置任意绘制一个椭圆形状图层,命名该图层为"火炬",并调节不透明度为 40%,如图 7-19 所示。

图 7-19　绘制火炬

利用"路径选择工具""直接选择工具""钢笔工具"以及其他路径编辑工具对椭圆的毛坯进行对齐和修正,原则是在保证锚点尽量少的情况下,完成路径的顺滑过渡。

首先利用"路径选择工具"将椭圆位置尽量对正（可找火炬顶点对正），其次运用"锚点优先决定法"先利用"直接选择工具"把几个明显转折处安放上锚点，如需增加锚点则选择"钢笔工具"，在确保工具选项中"自动添加→删除"被选中的情况下，在路径上单击，以最少的锚点，安放于最明显的转折处，如图 7-20 所示。

图 7-20　安放锚点

在形状路径的绘制过程中，关键在于路径创建工具（钢笔工具、形状工具）与路径编辑工具（直接选择工具、路径选择工具）之间的实时切换与熟练程度的配合，同时对于贝塞尔曲线的熟练把控，路径的绘制需要长时间的积累与练习，应在合理方法的指导下完成绘图。

在锚点的位置安放完成之后，需要调节每个锚点的方向把手，以确保路径的顺滑，原则是能完成双边把手一起动，绝不轻易动单边把手，在角点转折处，需要运用"转换点工具"进行把手的修正。这里需要指出的是，在绘制不规则形的过程中，或多或少都会存在误差，只要在练习过程中掌握合理方法，形态完整顺畅，不必过于拘泥于1～2像素的细节，最终调节的效果如图 7-21 所示。

图 7-21　调节效果

调节好火炬形态后，恢复"火炬"图层的不透明度，并将其隐藏，观察下部的火炬原图，只是单一的红色，因此无须添加图层样式，只需双击"火炬图层"图标，弹出"拾色器"对话框，吸取原图颜色，单击"确定"按钮即可，此时须存储文件。

（7）绘制眼睛图形

隐藏"火炬"图层，露出素材图层，使用"椭圆工具"在图像中合适位置绘制一个椭圆，建立形状图层，命名为"眼睛"，双击该层的图标，将形状暂时变为黑色，调整图层不透明度为30%。

使用"路径选择工具"选取全部的椭圆路径，按 Ctrl + T 键进行大小及位置、旋转方向的对齐，对齐结束后按 Enter 键确认，把不透明度调回来，隐藏该层，双击该层的图标，吸取原图的白色进行填色（原图可能不是纯白），如图 7-22 所示。

绘制眼球，在"眼睛"图层隐藏的状态下，使用"椭圆工具"绘制椭圆，画出黑色眼球及两个白色高光，方法与"眼睛"图层完全相同，注意两个白色高光可以复制再调节，最后分别取名为"眼球""高光1""高光2",完成眼睛整体绘制。存储后的阶段性效果如图7-23所示。

图7-22 填充

图7-23 眼睛整体绘制

(8)绘制WiFi信号图形

处理里层的小WiFi图形。建立一个椭圆形形状图层(趋近于正圆),大小位置关系加以对齐原图的外围边缘,由于不规则,个别锚点仍需单独处理,如图7-24所示。

利用路径选择工具整体选择这个路径,按Ctrl+C键,再按Ctrl+V键,在同一形状图层中复制出两个相同的椭圆路径,把第二个椭圆路径调整位置、方向和大小,以对齐原图内侧边缘,如图7-25所示。

图7-24 处理描点

选择路径选择工具,按住Shift键同时选中两个路径,单击"路径选择工具"选项栏中的"排除重叠形状",得到想要的图形,如图7-26所示。

利用钢笔工具添加锚点,利用路径编辑工具调整两端的锚点及把手,使得两端的弧度与原图对齐(原则上两端对齐就可以,其他部分可以不用修理),如图7-27所示。

图7-25 复制和粘贴

调整该层的不透明度为100%，双击该层图标，在大的 WiFi 图形上取色，完成填色，如图 7-28 所示。

图 7-26 排除重叠形状   图 7-27 对齐   图 7-28 填色

大的 WiFi 信号图形的绘制方法与上述方法相同，也可对小 WiFi 进行复制，在逐个锚点进行编辑，最终 WiFi 效果如图 7-29 所示。

（9）添加阴影特效

添加特效前，需把背景层添加灰色效果，以对之后的阴影提供视觉借鉴，在素材层上新建图层，取名为"背景"，点选拾色器，直接吸取素材层的灰色背景，按 Alt + Delete 键填充该颜色，同时覆盖住素材层。

在新的图像窗口中打开素材文件，将两个窗口以最大化的形式并列摆放好。

图 7-29 最终效果

双击"黄色底板"图层，打开"图层样式"调板，为"黄色底板"添加合适的投影效果，各参数需适时与原图对比调节。

分别双击"火炬"层、小 WiFi 层，调节添加合适的投影效果。右击小 WiFi 层，执行"复制图层样式"命令，右击大 WiFi 层，执行"粘贴图层样式"命令，完成相同图层样式的复制。至此，此 weibo 图标绘制完毕，最终效果如图 7-30 所示。

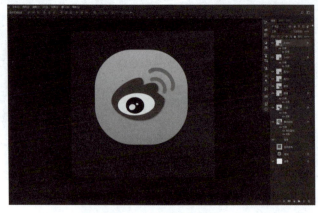

图 7-30 图标最终效果

第8章 通 道

8.1 通道原理与工作方式

通道是 Photoshop 最重要、最核心的功能之一,也是 Photoshop 最难理解和掌握的内容。对于初学者而言,虽然通道比较抽象,不能在短期内迅速掌握,但仍要给予充分重视。只有攻克了通道这道难关,才算真正掌握了 PS 技术的精髓。

8.1.1 通道概述

通道是存储图像颜色信息或选区信息的一种载体。用户可以将使用选择工具等创建的选区转换为灰度图像,存放在通道中,然后对这种灰度图像做进一步处理,以获得符合实际需要的更加复杂的选区。

Photoshop 包含3种类型的通道:颜色通道、Alpha 通道和专色通道。其中使用频率最高的是 Alpha 通道,其次分别为颜色通道和专色通道。

打开图像时,Photoshop 分析图像的颜色信息,自动创建颜色通道。在 RGB、CMYK 或 Lab 颜色模式的图像中,不同的颜色分量分别存放于不同的颜色通道中。在"通道"调板顶部列出的是复合通道,由各颜色分量通道混合组成,其中的彩色图像就是在图像窗口中显示的图像。图 8-1 所示的是一幅 RGB 图像的颜色通道。

图 8-1　RGB 图像的颜色通道

图像的颜色模式决定了其颜色通道的数量。例如,RGB 图像包含红(R)、绿(G)、蓝(B)3个颜色通道和一个用于编辑图像的复合通道。CMYK 图像包含青(C)、洋红(M)、黄(Y)、黑(K)4个颜色通道和一个复合通道。Lab 图像包含明度通道、a 颜色通道、b 颜色通道和一个复合通道。灰度、位图、双色调和索引颜色模式的图像都只有一个颜色通道。

除了 Photoshop 自动生成的颜色通道外,用户还可以根据实际需要,在图像中另外添加 Alpha 通道和专色通道。其中 Alpha 通道用于存放和编辑选区,专色通道则用于存放印刷中的专色。例如,在 RGB 图像中最多可添加 53 个 Alpha 通道或专色通道。但有一种情况例外,位图模式的图像不能额外添加通道。

8.1.2 颜色通道

颜色通道用于存储图像中的颜色信息——颜色的含量与分布。下面以 RGB 图像为例进行说明。

①在"通道"调板上单击选择红色通道,如图 8-2 所示。从图像窗口中查看红色通道的灰度图像。亮度越高,表示彩色图像对应区域的红色含量越高,亮度越低的区域表示红色含量越低。黑色区域表示不含红色,白色区域表示红色含量达到最大值。

图 8-2　红色通道灰度图

②根据上述分析可知,修改颜色通道将影响图像的颜色。在"通道"调板上单击选择绿色通道,同时单击复合通道(RGB 通道)缩览图左侧的灰色方框,显示眼睛图标,如图 8-3 所示。这样可以在编辑绿色通道的同时,从图像窗口中查看彩色图像的变化情况。选择"图像"|"调整"|"亮度/对比度"命令,参数设置如图 8-3 所示,单击"确定"按钮。因此,提高绿色通道的亮度等于在彩色图像中增加了绿色的混入量。

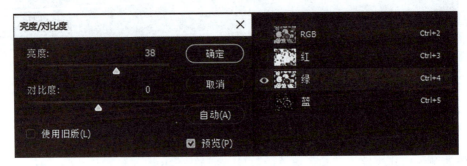

图 8-3　亮度对比度参数设置

③将前景色设为黑色。在"通道"调板上单击选择蓝色通道,按 Alt + Delete 键,在蓝色通道上填充黑色。这样相当于将彩色图像中的蓝色成分全部清除,整幅图像仅由红色和绿色混合而成,如图 8-4 所示。由此可见,通过改变颜色通道的亮度可校正色偏,或制作具有特殊色调效果的图像。

图 8-4　清除图像中的蓝色成分

④上述对颜色通道的分析是针对 RGB 图像而言的。打开一幅 CMYK 颜色模式的图像,在"通道"调板上单击选择某一颜色通道,选择"图像"|"调整"|"色阶"命令,单击"确定"按钮。上述操作中,提高 CMYK 图像某一颜色通道的亮度等于在彩色图像中降低该颜色的混入量,这与 RGB 图像恰恰相反。

总之,对于颜色通道可以得出以下结论。

①颜色通道是存储图像颜色信息的载体。

②调整颜色通道的亮度,可改变图像中各原色成分的含量,使图像发生变化。

③在原色通道上添加滤镜,仅影响图像中包含该原色成分的区域。

8.1.3　Alpha 通道

Alpha 通道用于保存选区信息,也是编辑选区的重要场所。在 Alpha 通道中,白色代表选区,黑色表示未被选择的区域,灰色表示部分被选择的区域,即羽化的选区。

1. Alpha 通道的属性

①每个图像(除 16 位图像外)最多可包含 24 个通道,包括所有的颜色通道和 Alpha 通道。

②所有 Alpha 通道都是 8 位灰度图像,可现实 256 级灰阶。

③可根据需要,随时增加或删除 Alpha 通道。

④可以为每个 Alpha 通道指定名称、颜色、蒙版选项和不透明度。不透明度影响通道的预览,而不影响原来的图像。

⑤所有的新通道都具有与原图像相同的尺寸和像素数目。

⑥使用绘图和编辑工具可编辑 Alpha 通道中的蒙版。

⑦将选区存储在 Alpha 通道中可使选区永久保留,可在以后随时调用,也可用于其他图像中。

2. Alpha 通道与选区密切相关

用白色涂抹 Alpha 通道,或增加 Alpha 通道的亮度,可扩展选区的范围;用黑色涂抹或降低亮度,则缩小选区的范围。

Alpha 通道在图像处理中有着广泛的应用。建议学习者以 Alpha 通道为重点,遵循"初步了解→深入了解→有意识地应用→真正理解,完全掌握"的学习过程,循序渐进地掌握好 Alpha 通道这个重要的工具。

8.1.4 专色通道

专色是印刷中特殊的预混油墨,用于替代或补充印刷色(CMYK)油墨。常见的专色包括金色、银色和荧光色等。仅使用青、洋红、黄和黑四色油墨打印不出这些特殊的颜色,要印刷带有专色的图像,需要在图像中创建存放专色的通道,即专色通道。

选择"通道"调板菜单中的"新建专色通道"命令,打开"新建专色通道"对话框。各参数作用如下。

"名称":输入专色通道的名称。选择自定义颜色时,Photoshop 将自动采用所选专色的名称,以便其他应用程序能够识别。

"颜色":单击"颜色",打开 Photoshop 拾色器。单击"颜色库"按钮,打开"颜色库"对话框,从中可选择 PANTONE 或 TOYO 等颜色系统中的颜色。

"密度":该选项用于在屏幕上模拟印刷后专色的密度,并不影响实际的打印输出,取值范围为 0%~100%。数值越大表示颜色越不透明。输入 100% 时,模拟完全覆盖下层油墨的油墨(如金属质感油墨);输入 0% 则模拟完全显示下层油墨的透明油墨(如透明光油)。另外,也可以使用该选项查看其他透明专色(如光油)的显示位置。

专色通道中存放的也是灰度图像,其中黑色表示不透明度为 100% 的专色,灰度的深浅表示专色的浓淡。可以像编辑 Alpha 通道那样使用 Photoshop 的有关工具和命令对其进行修改。但与"新建专色通道"对话框的"密度"选项不同的是,对专色通道进行修改时,绘画工具或菜单选项中的"不透明度"选项表示用于打印输出的实际油墨浓度。

为了输出专色通道,应将图像存储为 DCS 2.0 格式或 PDF 格式。如果要使用其他应用程序打印含有专色通道的图像,并且将专色通道打印到专色印版,必须首先以 DCS 2.0 格式存储图像。DCS 2.0 格式不仅保留专色通道,而且被 Adobe InDesign、Adobe PageMaker 等应用程序支持。

8.2 通道基本操作

8.2.1 选择通道

在"通道"调板上,采用鼠标单击的方式可选择任何一个通道。在选择背景层的情况下,按住 Shift 键单击可加选任意多个通道。若选择的不是背景层,按住 Shift 键单击只能选择多个颜色通道或颜色通道外的多个其他通道,如图 8-5 所示。

图 8-5　选择多个通道

按 Ctrl+数字键可快速选择通道。以 RGB 图像为例,按 Ctrl+1 键选择红色通道,按 Ctrl+2 键选择绿色通道,按 Ctrl+3 键选择蓝色通道,按 Ctrl+4 键选择蓝色通道下面第一个 Alpha 通道或专色通道,按 Ctrl+5 键选择第二个 Alpha 通道或专色通道,依次类推。按 Ctrl+~键则选择复合通道。这样一来,不必切换到"通道"调板即可选择所需的通道。如果忘记了当前选择的是哪一个通道,可通过文档的标题栏查看(文档标题栏上显示有当前通道的名称)。

8.2.2　通道的显示与隐藏

通道的显示与隐藏和图层类似,通过单击通道缩览图左侧的眼睛图标实现。

①在 Alpha 通道中编辑选区时,常常需要参考整个图像的内容,这时可在选择 Alpha 通道的同时显示复合通道。

②要想查看单个通道,只需显示该通道并隐藏其他通道即可。

③在查看多个颜色通道时,图像窗口显示这些通道的彩色混合效果。

④在显示复合通道时,所有单色通道自动显示。另一方面,只要显示了所有的单色通道,复合通道也将自动显示。

8.2.3　将颜色通道显示为彩色

默认设置下单色通道是以灰度图像显示的。选择"编辑"|"首选项"|"界面"命令,打开"首选项"对话框,勾选"通道用原色显示"复选框,单击"确定"按钮,此时所有颜色通道都以原色显示。

8.2.4　创建 Alpha 通道

在图像处理中,根据不同的用途可以从多种渠道创建 Alpha 通道。

1. 创建空白 Alpha 通道

在"通道"调板上单击"新建通道"按钮,可使用默认设置创建一个 Alpha 通道。若选择"通道"调板菜单中的"新建通道"命令,或按住 Alt 键单击"新建通道"按钮,将打开"新建通道"对话框,如图 8-6 所示。

输入通道名称,设置色彩指示区域、颜色和不透明度,单击"确定"按钮按指定参数创建

Alpha 通道。该对话框的参数设置仅影响通道的预览效果,对通道中的选区无任何影响。

图 8-6　空白 Alpha 通道与"新建通道"对话框

2. 从颜色通道创建 Alpha 通道

将颜色通道拖动到"新建通道"按钮上,可以得到 Alpha 通道。该 Alpha 通道虽然是原颜色通道的副本,但两者之间除了灰度图像相同外,没有任何其他联系。

该操作常用于抠图。一般做法是:寻找一个合适的颜色通道→复制颜色通道得到副本通道→对副本通道中的灰度图像做进一步修改,获得精确的选区。由于修改颜色通道将影响整个图像的颜色,因此不宜直接对颜色通道进行编辑修改。

3. 从选区创建 Alpha 通道

对于使用选择工具等创建的临时选区,可以通过"存储选区"命令将其转换为 Alpha 通道。具体操作可参阅本章后面的小节。

4. 从蒙版创建 Alpha 通道

图像处于快速蒙版编辑模式时,其"通道"调板上将显示一个临时的快速蒙版通道,一旦退出快速蒙版编辑模式,快速蒙版通道也就消失了。将快速蒙版通道拖动到"新建通道"按钮上,可以得到一个名称为"快速蒙版 副本"的 Alpha 通道,并永久驻留在"通道"调板上,如图 8-7 所示。

图 8-7　快速蒙版通道与复制快速蒙版通道

类似地,当选择带有图层蒙版的图层时,"通道"调板上将显示一个临时的图层蒙版通道,将临时的图层蒙版通道拖动到"新建通道"按钮上,可以得到一个名称为"××蒙版 副本"的Alpha通道,如图8-8所示。

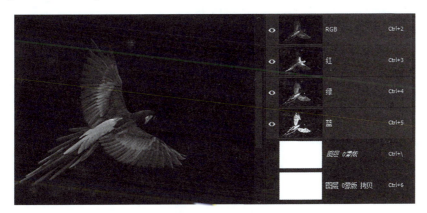

图8-8　图层蒙版通道与复制图层蒙版通道

8.2.5　重命名Alpha通道

在"通道"调板上可采用下述方法之一,重新命名Alpha通道。

①双击Alpha通道的名称,输入新的名称,按Enter键或在"名称"编辑框外单击。

②双击Alpha通道的缩览图,打开"通道选项"对话框,输入新的名称,单击"确定"按钮。

③选择要重新命名的Alpha通道,在"通道"调板菜单中选择"通道选项"命令,打开"通道选项"对话框,输入新的名称,单击"确定"按钮。专色通道的重命名方式类似。Photoshop禁止对颜色通道重新命名。

8.2.6　复制通道

1. 使用鼠标复制通道

在"通道"调板上将要复制的通道拖动到"新建通道"按钮上,可得到该通道的一个副本通道。若将当前图像的某一通道拖动到其他图像的窗口中则可以实现通道在不同图像间的复制。这种方式下参与操作的两个图像的像素尺寸可以不相同。

2. 使用菜单命令复制通道

在"通道"调板上选择要复制的通道,从"通道"调板菜单中选择"复制通道"命令,打开"复制通道"对话框。

在"文档"下拉列表中选择当前文件(默认选项),可将通道复制到当前图像内。若选择其他文件(这些都是已经打开并且与当前图像具有同样像素尺寸的图像文件),可将通道复制到该文件中。如果选择"新建"选项,则将通道复制到新建文件(一个仅包含单个通道的多通道图像)中。

提示:Photoshop禁止将其他图像的通道复制到位图模式的图像中。

8.2.7 删除通道

在"通道"调板上,可采用下述方法之一删除通道。
①将要删除的通道拖动到"删除通道"按钮上。
②选择要删除的通道,在"通道"调板菜单中选择"删除通道"命令。
③选择要删除的通道,单击"删除通道"按钮,打开对话框,单击"是"按钮。
如果删除的是颜色通道,图像将自动转换为多通道模式。
由于多通道模式不支持图层,图像中所有的可见图层将合并为一个图层(隐藏层被丢弃)。

8.2.8 存储选区

将临时选区存储于 Alpha 通道中,可以实现选区的多次重复使用,还可以通过编辑通道获得更加复杂的选区。

1. 使用默认设置存储选区

当图像中存在选区时,在"通道"调板上单击"存储选区"按钮,可将选区存储于新建 Alpha 通道中。

2. 使用"存储选区"命令存储选区

利用"存储选区"命令可将现有选区存储于新建 Alpha 通道或图像的原有通道中。当图像中存在选区时,选择"选择"|"存储选区"命令,打开"存储选区"对话框,如图 8-9 所示。按要求设置对话框的参数。

图 8-9 存储选区

①文档:选择要存储选区的目标文档。其中列出的都是已经打开且与当前图像具有相同的像素尺寸的文档。若选择"新建",可将选区存储在新文档的 Alpha 通道中。新文档与当前图像也具有相同的像素尺寸。

②通道:选择要存储选区的目标通道。默认选项为"新建"。可将选区存储在新建 Alpha 通道中,也可以选择图像的任意 Alpha 通道、专色通道或蒙版通道,将选区存储其中,并与其中的原有选区进行运算。

③名称:在"通道"下拉列表中选择"新建"选项时输入新通道的名称。
④操作:将选区存储于已有通道时确定现有选区与通道中原有选区的运算关系,包括新建通道、添加到通道、从通道中减去、与通道交叉4种运算。
- 新建通道:用当前选区替换通道中的原有选区。
- 添加到通道:将当前选区添加到通道的原有选区。
- 从通道中减去:从通道的原有选区减去当前选区。
- 与通道交叉:将当前选区与通道的原有选区进行交叉运算。

8.2.9 载入选区

可采用下述方法之一载入存储于通道中的选区。
①在"通道"调板上,按住Ctrl键,单击要载入选区的通道的缩览图。
②在"通道"调板上,选择要载入选区的通道,单击"载入选区"按钮。
③选择"选择"|"载入选区"命令也可以载入通道中的选区。如果当前图像中已存在选区,则载入的选区还可以与现有选区进行并、差、交集运算。

8.2.10 分离与合并通道

分离与合并通道操作有着重要的应用。例如,存储图像时许多文件格式不支持Alpha通道和专色通道。这时,可将Alpha通道和专色通道从图像中分离出来,单独存储为灰度图像。必要的时候再将它们合并到原有图像中。另外,将图像的各个通道分离出来单独保存可以有效地减少单个文件所占用的磁盘空间,便于移动存储。

1. 分离通道

利用"通道"调板菜单中的"分离通道"命令可将颜色通道、Alpha通道和专色通道依次从文档中分离出来,形成各自独立的灰度图像。在每个灰度图像的标题栏上显示有原图像通道的缩写。通道分离后,原图像文件自动关闭。值得注意的是,对于RGB、CMYK、Lab等颜色模式的图像,当图像中只有一个图层并且是背景层的时候,才能进行通道分离。

2. 合并通道

利用"通道"调板菜单中的"合并通道"命令,可以将多个处于打开状态且具有相同的像素尺寸的灰度图像合并为一个图像。参与合并的灰度图像可以来自同一幅图像,也可以来自不同的图像。

8.3 案 例 专 题

通道抠图训练

1. 项目要求

①利用通道进行人像抠图。
②了解通道的一般知识以及配合色彩调整、绘图工具所使用的人物及毛发抠图原理。
③通过本节训练,重点在于对于通道抠图的理解与应用。

④对于通道的颜色调节与把握。

⑤颜色调节适度合理。

2. 项目分析

通道抠图需要理解利用通道的真正目的:就是运用颜色调整、绘图等手段调整通道中的颜色对比度,使"想要的"像素与"不想要的"像素黑白对比明显,从而达到获取选区的目的。

初学者在利用通道抠图时,总习惯于把通道的效果看作是图层的效果,通道与图层,"通道"调板与"图层"调板之间的关系没有明晰,导致思路发生混乱。

通道抠图过程中应用到的综合技法较多,不同图像的抠图方法也不尽相同,需要随机应变、因地制宜,因此,不应拘泥于固定步骤的学习,应做到真正理解、举一反三。

3. 项目制作

①打开素材文件,进行前期处理,从图片中可以看到,这张图像的上部边缘有一道蓝色的水印,右侧有白色的混合颜色,需要在抠图前期进行相应处理,如图 8-10 所示。

图 8-10 前期处理

复制图像图层,通道抠图有时会针对图像进行调色处理,后期也会针对通道进行"手术",为了保证源文件不受破坏,最终获取的图像能够保持原图像颜色关系,因此,通道抠图之前应养成备份的习惯,通道调节的最终目的是获得想要像素的选区,中间的任何操作都是为了这个目的而服务,因此"备份图层"与"备份通道"是通道抠图的"双保险"。

裁剪上部水印,上部的水印仅有 1~2 像素宽,如果应用图章等工具进行处理不但影响效率,还会事倍功半,1~2 像素不会影响图像的整体效果,因此,选择裁剪的方法直接将上部蓝色水印裁除。选择"裁剪工具",放大图像至上部边缘,将裁剪框向下拖动 2 像素,排除蓝色水印后按 Enter 键确认。

处理右侧白色背景,右侧的白色背景与整体不协调,容易影响后期通道调色,因此,需简单进行处理,此处没有人物部分干扰,利用仿制图章进行处理比较便利,最终处理效果如图 8-11 所示。

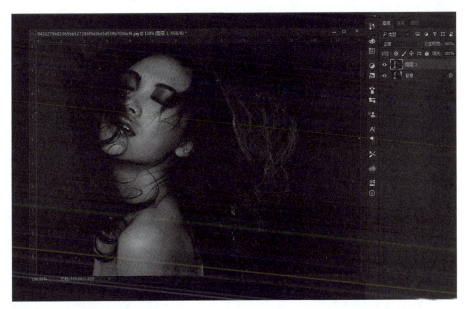

图 8-11　利用仿制图章处理

②将图像分为两部分,此图像左侧与右侧分别处于两种不同的情况,因此需要将一幅图分成两幅进行分别抠图,最后再统一合并,得到想要的抠图形象。利用选框工具,在图像左侧规划出一定区域,作为左右侧的分界点,根据本图特点,此分界点最好落在人物头发出血部位,这样后期处理起来就比较自然。

分界点确定好后,在图层 1 上按 Ctrl + Shift + J 键,将之前选中的区域"剪切至新图层",这时须将两个图层的位置进行锁定,以免出现位移的风险,如图 8-12 所示。

③使用通道抠图。隐藏图层 1 和背景图层,先来处理图层 2 的抠图,选择"通道"调板,选择一个主体特别是头发部位与背景颜色差别较大的通道,复制此通道,在这里选择的是蓝色通道,如图 8-13 所示。

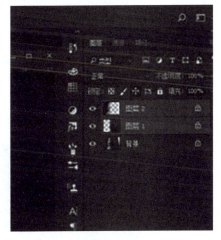

图 8-12　锁定图层

④调整颜色。利用色阶加大通道黑白对比度的方法是将两个颜色滑块适度接近,具体接近多少,在什么位置接近,需要在调色的过程中实时调整,在这个过程中不要力求一步到位,应实时逐步推进方针,让画面自然过渡,切勿"过犹不及"。

由于通道调节的目的是想让背景尽可能地变白,人物尽可能地变黑,同时保证发丝自然呈现,因此在调节过程中应循序渐进,此时不应受到右侧白色部分的影响,只要头发位置能够与背景形成对比,右侧的部分之后都可以统一处理,如图 8-14 所示。

图 8-13 选择"蓝色"通道

色阶处理过后,感觉左侧的背景还是不够白,但是左下部有一段身体与背景结合的部位,此处的背景比较难以处理,因此,选择把右侧的白色大区域先进行填黑处理。此处可直接利用画笔填黑,在填色的过程中,应实时调节笔刷大小及画笔边缘的硬度,特别是临近头发边缘的区域,应细致处理,如图 8-15 所示。

画笔处理过后,想要的部分与不想要的部分就有了一个初步的对比结果,但此时,左侧背景的部分还是不够理想,需进一步减淡处理,由于黑色区域已经确定,因此,在保证发丝尽量细致的同时,再进行一步色阶对比的处

图 8-14 调节

图 8-15 细致处理

理,使背景进一步提亮,如图 8-16 所示。

左侧背景细节性调亮,先运用画笔工具把远离头发的区域填白,注意不要接触到头发区域,画笔的软边也应设置得当,如图 8-17 所示。

 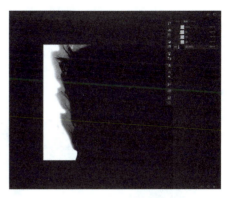

图 8-16　提亮背景　　　　　　　　　　图 8-17　运用画笔工具

画笔处理好后,只剩下与头发接触的区域还不完美,此时应利用加深减淡工具进行细节处理。

加深减淡工具在通道抠图过程中具有举足轻重的作用,因为它可以利用自身的工具完成相同区域不同色调的加深减淡处理,这就为处理交接区的细节提供了便利。

分析此图,需要把亮部的灰调提亮,同时不影响头发的黑色,因此需要选择减淡工具,把属性范围调整为中间调(只针对中间调进行减淡)。

需要注意的是,即使加深减淡工具可以保护不想编辑的像素,但这种保护是有限的,非中间调的像素或多或少还是会受到影响,因此,在减淡的过程中,仍需谨慎小心,尽量"少吃多餐",切勿急于求成,如图 8-18 所示。

⑤图像羽化。执行 Ctrl + 单击通道图标操作获得白色部分的选区,同时头发周围的选区能够完成自然的羽化效果。获得选区后,此通道的任务就结束了,回到原图层,直接按 Delete 键删除掉选区内的像素,完成左侧部分的抠图,如图 8-19 所示。

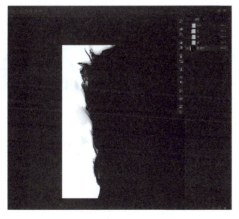 

图 8-18　减淡　　　　　　　　　　　　图 8-19　完成抠图

取消选区后,隐藏图层2,点亮图层1,开始右侧部分的抠图,与上述方法相同,选择"通道"调板,选择一个头发区域与背景黑白对比强烈的通道,进行复制,这里选择红色通道。

通道的选择不应过于拘谨,它只是起到相应的辅助作用,并不起决定性作用,即使通道选择的不完美,也可以通过后期的处理加以完善。

左右两侧与人物相隔较远,有很大区域可以自由发挥,可以进行先期处理,因此,选择画笔工具将左右两侧先进行黑白处理,这里注意中间的区域要适度留出画笔的软边过渡,特别是右下侧头发的区域,这是本图像抠图的难点,画笔大体处理过后,需要整体处理,按 Ctrl + L 键,调整色阶,如图 8-20 所示。

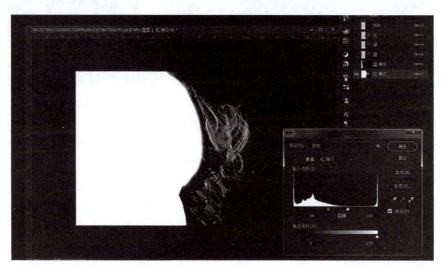

图 8-20　调整色阶

针对右下头发难点进行细致处理,右下头发外围是亮色,头发是黑色,不远处又有背景的黑色,需要把发丝和头发衔接好,统一提亮。先应用减淡工具处理细节,中途配合画笔工具进行细致刻画,此阶段可能需要花费一定的时间和精力。

通道抠图即使再细致也无法达到 100% 的完美,因此,在进行细致刻画的同时,还应注重效率,大多数通道抠图都需要进行必要的后期处理,因此,抠图是一个综合处理的过程,单一的方法只是这个过程中的一个部分,如图 8-21 所示。

图 8-21　后期处理

此时,右侧部分的处理已经完成,执行 Ctrl + 单击通道图标操作获得选区,回到原图层,与左侧部分刚好相反,这时获得的是人物的选区,因此需要按 Ctrl + Shift + I 键反选,在图层中删除选区内的像素,如图 8-22 所示。

⑥合并图层。左右两部分均已抠图完毕,将左侧图层点亮,将图层 1 与图层 2 合并,完成抠图,如图 8-23 所示。

第 8 章 通 道 | 175

图 8-22 删除选区内的像素

图 8-23 完成抠图

参 考 文 献

[1] 贾永红. 数字图像处理[M]. 武汉:武汉大学出版社,2003.
[2] 章毓晋. 图像分析和处理[M]. 北京:清华大学出版社,1999.